“十四五”职业教育河南省规划教材

教育部现代学徒制试点院校系列教材
“十四五”高等职业教育大数据技术及应用系列教材

大数据生态圈技术项目化教程

刘 琰 任晓鸽 孙 芳◎主编

中国铁道出版社有限公司
CHINA RAILWAY PUBLISHING HOUSE CO., LTD.

内 容 简 介

本书是教育部现代学徒制试点院校系列教材、“十四五”高等职业教育大数据技术及应用系列教材之分册，旨在为广大读者提供一本系统、全面、实践导向的大数据技术指南。本书通过项目化的方式组织教学，将大数据生态圈中的关键技术组件，如Hadoop、ZooKeeper、Hive、Spark、HBase、Sqoop、Flume、Flink等逐一拆解，结合丰富的实战案例，帮助读者，逐步掌握大数据技术的核心知识和技能。

本书适合作为高等职业教育大数据相关专业教材，也可作为平台架构师、开发人员、运维管理人员的参考书。

图书在版编目（CIP）数据

大数据生态圈技术项目化教程 / 刘琰, 任晓鸽, 孙芳主编. -- 北京 : 中国铁道出版社有限公司, 2025. 5. (教育部现代学徒制试点院校系列教材)（“十四五”高等职业教育大数据技术及应用系列教材）. -- ISBN 978-7-113-31888-8

Ⅰ. TP274

中国国家版本馆CIP数据核字第2025KQ4589号

书　　名：大数据生态圈技术项目化教程
作　　者：刘　琰　任晓鸽　孙　芳

策　　划：韩从付　　　编辑部电话：（010）51873090
责任编辑：潘星泉　李学敏
封面设计：郑春鹏
责任校对：安海燕
责任印制：赵星辰

出版发行：中国铁道出版社有限公司（100054，北京市西城区右安门西街8号）
网　　址：https://www.tdpress.com/51eds
印　　刷：天津嘉恒印务有限公司
版　　次：2025年5月第1版　2025年5月第1次印刷
开　　本：787 mm × 1 092 mm　1/16　印张：11.75　字数：279千
书　　号：ISBN 978-7-113-31888-8
定　　价：45.00元

前 言

当前，大数据已成为推动社会进步、产业升级和企业创新的关键力量。无论是互联网企业、金融科技企业，还是传统制造业等行业领域，都在积极拥抱大数据，尝试通过挖掘数据背后的价值来优化决策、提升效率、创造新的增长点。然而，大数据的采集、存储、处理、分析和应用并非易事，它需要一个完整的生态系统来支撑，这就是我们通常所说的大数据生态圈。

本书是教育部现代学徒制试点院校系列教材、“十四五”高等职业教育大数据技术及应用系列教材之分册，旨在为广大读者提供一本系统、全面、实践导向的大数据技术指南。本书通过项目化的方式组织教学，将大数据生态圈中的关键技术组件，如Hadoop、ZooKeeper、Hive、Spark、HBase、Sqoop、Flume、Flink等逐一拆解，结合丰富的实战案例，帮助读者从零开始，逐步掌握大数据技术的核心知识和技能。

本书结构严谨，逻辑清晰，从基础到应用、从理论到实践层层递进，逐步深入。首先，通过项目一平台常用的系统命令，帮助读者掌握Linux操作系统的基础知识和Hadoop平台的搭建方法；然后，通过项目二至项目九，依次介绍Hadoop伪分布式集群、ZooKeeper组件、Hadoop高可用集群、Hive组件、Spark组件、HBase组件、Sqoop组件、Flume组件，以及Flink组件的安装、配置与应用。每个项目都包含了多个任务，每个任务都针对特定的技术点进行深入剖析和实战演练。

书中不仅提供了详细的操作步骤，还配备了大量的实战案例和练习题，以帮助读者巩固所学知识，提升解决实际问题的能力。同时，本书还紧跟技术发展潮流，以确保读者能够站在技术前沿，把握行业脉搏。

本书具有以下特色：

（1）实践性强： 通过实际操作，读者可以直观地感受到大数据技术的魅力，通过强化各组件的配置步骤，加深对理论知识的理解。

（2）针对性强： 每个项目都针对大数据生态圈中的一个具体组件或应用场景进行设计，通过具体的组件使用解决读者在实际工作中可能遇到的问题。

（3）**系统性强：** 书中的各个项目相互关联、逐层解析、深入应用，形成了一个完整的知识体系，有助于读者系统地掌握大数据技术。

（4）**趣味性强：** 本书注重培养读者的学习兴趣和动手能力，使学习过程更加生动有趣。

本书由刘琰、任晓鸽、孙芳任主编；郭华平、孙艳歌、谢晓、熊林、冯卫华任副主编；朱灿基、沈洋、孔晓岚、刘天梅、牛文姣、何莹、赵正华、李展鹏参与编写。本书是校企合作的成果，河南景奈教育科技集团有限公司参与本书编写，郑州新思齐科技有限公司提供了项目和技术支持。本书在编写过程中得到了许多同事的大力支持和帮助，收到了许多宝贵的意见和建议，还参考了许多资料和国内外的优秀教材，在此一并表示衷心的感谢。

由于编者水平有限，加之编写时间仓促，书中难免有不妥之处，敬请各位读者和专家批评指正。

编　者

2024年10月

目　录

项目一

部署Hadoop平台操作系统常用命令

任务一　了解Linux常用命令

Hadoop，这一大数据处理领域的明星框架，其设计初衷便是能在Linux这一稳定、高效且开源的操作系统环境中蓬勃发展，Hadoop可充分利用Linux强大的并发处理能力和对大规模数据集的友好支持。因此，掌握Linux不仅是对技术栈的完善，更是通往Hadoop及其生态系统深邃世界的必经之路。

本项目精心挑选了一系列Linux常用命令，这些命令的学习过程本身就是一次思维模式的转变，它教会我们如何以更加高效、系统化的方式去思考问题、解决问题。在Hadoop的安装、配置与优化过程中，这种思维方式显得尤为重要，因为它能够帮助我们快速定位问题，提出并实施有效的解决方案。因此，将Linux常用命令的学习视为通往Hadoop领域深入探索的坚实桥梁，是明智且必要的。它们不仅为后续的Hadoop学习与实践奠定了坚实的基础，更将激发您对技术探索的热情，引领您自信地穿梭于Linux与Hadoop交织的广阔天地，发现更多未知的可能。在这个过程中，您将不断积累宝贵的经验，逐步成长为一名能够驾驭大数据浪潮的技术精英。

视频

Linux操作技能详解

1.1.1　文件与目录操作

1. pwd命令

格式：pwd

功能：显示当前所在目录（即工作目录）。

示例：

```
[root@demo ~]# pwd
/root
```

2. ls命令

格式：ls [选项][文件|目录]

功能：显示指定目录中的文件或子目录信息。当不指定文件或目录时，显示当前工作目录中的文件或子目录信息。

命令常用选项如下：

-a：显示全部的文件，连同隐藏文件（开头为“.”的文件）一起列出来。

-l：长格式显示，包含文件和目录的详细信息。

-R：连同子目录内容一起列出来。

说明：命令“ll-l”设置了别名ll，即输入ll命令，执行的是ll-l命令。

示例：

```
[root@demo ~]# ls -a /        #查看根目录下所有的文件及目录，包括隐藏文件和目录
.   bin   dev  home  lib64  mnt  proc  run   srv  tmp  var
..  boot  etc  lib   media  opt  root  sbin  sys  usr
[root@demo ~]# ls -l /usr     #查看usr目录下所有的文件及目录的详细信息
总用量88
dr-xr-xr-x.  2 root root 20480     8月     1 14:07 bin
drwxr-xr-x.  2 root root     6     11月    5 2016 etc
drwxr-xr-x.  2 root root     6     11月    5 2016 games
drwxr-xr-x.  3 root root    23     8月     1 14:06 include
dr-xr-xr-x.  27 root root   4096   8月     1 14:07 lib
dr-xr-xr-x.  36 root root   20480  8月     1 14:07 lib64
drwxr-xr-x.  19 root root   4096   8月     1 14:07 libexec
drwxr-xr-x.  12 root root   131    8月     1 14:06 local
dr-xr-xr-x.  2 root root    12288  8月     1 14:07 sbin
drwxr-xr-x.  73 root root   4096   8月     1 14:07 share
drwxr-xr-x.  4 root root    34     8月     1 14:06 src
lrwxrwxrwx.  1 root root    10     8月     1 14:06 tmp -> ../var/tmp
```

3. cd命令

格式：cd <路径>

功能：用于切换当前用户所在的工作目录，其中路径可以是绝对路径，也可以是相对路径。

示例：

```
[root@demo ~]# cd /usr/local/             #切换到/usr/local/目录下
[root@demo local]# cd..                   #返回上层目录
[root@demo usr]# cd./src/                 #切换到当前目录的src目录下
```

4. mkdir命令

格式：mkdir [选项]目录

功能：用于创建目录。创建目录前需保证当前用户对当前路径有修改的权限。参数-p用于创建多级文件夹。

示例：

```
[root@demo src]# mkdir /data              #在根目录下创建data文件夹
[root@demo src]# mkdir -p /test/test1     #创建多级文件夹c
```

5. rm命令

格式：rm [选项]<文件>

功能：用于删除文件或目录，常用选项-r和-f。-r表示删除目录，也可以用于删除文

件；-f表示强制删除，不需要确认。删除文件前需保证当前用户对当前路径有修改的权限。

示例：

```
[root@demo src]# rm -r -f /test                        #强制删除目录
```

6. cp命令

格式： cp [选项]<文件><目标文件>

功能： 复制文件或目录。

示例：

```
[root@demo src]# cp /etc/profile/data/         #复制profile文件到data文件夹
[root@demo src]# ls /data                      #查看data文件夹
profile
```

7. mv命令

格式： mv [选项]<文件><目标文件>

功能： 移动文件或对其改名，常用选项-i、-f和-b。-i表示若存在同名文件，则向用户询问是否覆盖；-f直接覆盖已有文件，不进行任何提示；-b表示当文件存在时，覆盖前为其创建一个备份。

示例：

```
[root@demo src]# mv /data/profile/data/profile_test.log     #修改文件名称
[root@demo src]# ls /data                                    #查看data文件夹
profile_test.log
```

8. cat命令

格式： cat [选项][文件]

功能： 查看文件内容，常用选项-n，显示行号（空行也编号）。

示例：

```
[root@demo src]# cat -n /data/profile_test.log              #查看文件内容
     1  # /etc/profile
     2
     3  # System wide environment and startup programs, for login setup
……
```

9. tar命令

格式： tar [选项][档案名][文件或目录]

功能： 为文件和目录创建档案。利用tar命令，可以把一大堆文件和目录全部打包成一个文件，这对于备份文件或将几个文件组合成为一个文件以便于网络传输是非常有用的。该命令还可以反过来，将档案文件中的文件和目录释放出来。

命令常用选项如下：

-c：建立新的备份文件。

-C<目录>：切换工作目录，先进入指定目录再执行压缩/解压缩操作，可用于仅压缩特定目录中的内容或解压缩到特定目录。

-x：从归档文件中提取文件。

-z：通过gzip指令压缩/解压缩文件，文件名为*.tar.gz。

-f<备份文件>：指定备份文件。

-v：显示命令执行过程。

示例：

```
[root@demo src]# cd /data/
[root@demo data]# tar -cvf all.tar *.log            #压缩为tar格式文件
profile_test.log
[root@demo data]# tar -zcvf log.tar.gz all.tar     #压缩为tar.gz格式文件
all.tar
[root@demo data]# tar -zxvf log.tar.gz -C ./       #解压文件
all.tar
```

1.1.2 用户操作

1. useradd命令

格式：useradd用户名

功能：创建新用户，该命令只能由root用户使用。

示例：

```
[root@demo data]# useradd teacher                  #创建teacher用户
```

2. passwd命令

格式：passwd用户名

功能：设置或修改指定用户的口令。

示例：

```
[root@demo data]# passwd teacher     #为teacher用户设置初始口令或修改口令
更改用户teacher的密码。
新的密码：
无效的密码：密码是一个回文
重新输入新的密码：
passwd：所有的身份验证令牌已经成功更新。
```

3. chown命令

格式：chown[选项]

功能：将文件或目录的拥有者改为指定的用户或组，用户可以是用户名或者用户ID，组可以是组名或者组ID，文件是以空格分开的要改变权限的文件列表，支持通配符。选项-R表示对目前目录下的所有文件与子目录进行相同的拥有者变更。

示例：

```
[root@demo data]# chown -R teacher:teacher log.tar.gz    #更改文件用户所属组
[root@demo data]# ll                                      #查看文件详细信息
总用量20
-rw-r--r--. 1 root    root    10240 8月  1 16:18 all.tar
-rw-r--r--. 1 teacher teacher  1039 8月  1 16:19 log.tar.gz
```

```
-rw-r--r--. 1 root     root      1795 8月  1 16:08 profile_test.log
```

4. chmod命令

格式：chmod [-R]模式文件或目录

功能：修改文件或目录的访问权限。选项-R表示递归设置指定目录下的所有文件和目录的权限。

模式为文件或目录的权限表示，有三种表示方法。

1）数字表示

用三个数字表示文件或目录的权限，第一个数字表示所有者的权限，第二个数字表示与所有者同组用户的权限，第三个数字表示其他用户的权限。

每类用户都有三类权限：读、写、执行，对应的数字分别是4、2、1。一个用户的权限数字表示为三类权限的数字之和，如一个用户对A文件拥有读写权限，则这个用户的权限数字为6（4+2=6）。

示例：

```
[root@demo data]# chmod 764 profile_test.log                #更改文件用户权限
[root@demo data]# ll                                        #查看文件详细信息
总用量20
-rw-r--r--. 1 root     root     10240 8月  1 16:18 all.tar
-rw-r--r--. 1 teacher teacher   1039 8月  1 16:19 log.tar.gz
-rwxrw-r--. 1 root     root      1795 8月  1 16:08 profile_test.log
```

2）字符赋值

用字符u表示所有者，用字符g表示与所有者同组的用户，用字符o表示其他用户。

用字符r、w、x分别表示读、写、执行权限。用等号“=”来给用户赋权限。

示例：

```
[root@demo data]# chmod u=rwx,g=rw,o=rx profile_test.log #更改文件用户权限
[root@demo data]# ll                                        #查看文件详细信息
总用量20
-rw-r--r--. 1 root     root     10240 8月  1 16:18 all.tar
-rw-r--r--. 1 teacher teacher   1039 8月  1 16:19 log.tar.gz
-rwxrw-r-x. 1 root     root      1795 8月  1 16:08 profile_test.log
```

3）字符加减权限

用字符u表示所有者，用字符g表示与所有者同组的用户，用字符o表示其他用户。用字符r、w、x分别表示读、写、执行权限。用加号“+”来给用户加权限，用减号“-”来给用户减权限。

示例：

```
[root@demo data]# chmod u+x,g+w,o-x profile_test.log        #更改文件用户权限
[root@demo data]# ll                                        #查看文件详细信息
总用量20
-rw-r--r--. 1 root     root     10240 8月  1 16:18 all.tar
-rw-r--r--. 1 teacher teacher   1039 8月  1 16:19 log.tar.gz
-rwxrw-r--. 1 root     root      1795 8月  1 16:08 profile_test.log
```

5. su命令

格式： su[-]用户名

功能： 将当前操作员的身份切换到指定用户。如果使用选项“-”，则用户切换后使用新用户的环境变量，否则环境变量不变。

示例：

```
[root@demo data]# su teacher
[teacher@demo data]$           #切换到teacher用户。注意：非root用户切换其他用户过程要输入用户的密码，并且切换到对应用户的主目录
```

6. sudo命令

格式： sudo命令

功能： 让普通用户执行需要特殊权限的命令。

示例：

```
[teacher@demo data]$ sudo reboot            #让普通用户可以执行重启机器的命令
Connection closing...Socket close.
Connection closed by foreign host.
```

sudo是Linux操作系统管理指令，是系统管理员让普通用户执行一些或者全部root命令的工具，如halt、reboot、su等。这样不仅减少了root用户的登录和管理时间，同时也提高了安全性。

sudo使一般用户不需要知道超级用户的密码即可获得权限。首先超级用户将普通用户的名字、可以执行的特定命令、按照哪种用户或用户组的身份执行等信息登记在特殊的文件中（通常是/etc/sudoers），即完成对该用户的授权。一般用户要执行特殊命令时，可在命令前加上“sudo”，此时sudo将会询问该用户自己的密码，回答后系统即会将该命令的进程以超级用户的权限运行。之后的一段时间内（默认为5分钟，可在/etc/sudoers下自定义），使用sudo不需要再次输入密码。

在Linux操作系统中root用户为超级管理员，具有全部权限，使用root用户在Linux操作系统中进行操作，很可能会因为误操作而对Linux操作系统造成损害。正常的做法是创建一个普通用户，平时使用普通用户在系统进行操作，当用户需要使用管理员权限时，可以使用两种方法达到目的：一种方法是使用su命令，从普通用户切换到root用户，这需要知道root用户的密码；另一种方法是使用sudo命令。用户的sudo可以执行的命令由root用户事先设置好。

1.1.3 文本操作

文本操作这里只介绍一个vi命令，vim命令的操作与vi一样。

格式： vi[文件名]

功能： vi是Linux的常用文本编辑器，vim是从vi发展出来的一个文本编辑器，其在代码补全、编译等方面的功能特别丰富，在程序员中被广泛使用。vi/vim有以下三种工作模式。

1. 命令模式

用户刚刚启动vi/vim，进入了命令模式。

此状态下敲击键盘的动作会被vi识别为命令，而非输入字符。以下是常用的几个命令：

i：切换到输入模式，以输入字符。

x：删除当前光标所在处的字符。

::（第一个“:”为命令，第二个“:”为冒号）：切换到末行模式，用于在最底一行输入命令。

示例：

```
[root@demo ~]# cd /data/
[root@demo data]# vi profile_test.log
```

2. 输入模式

在输入模式下可以对文件执行写操作，编写完成后按【Esc】键即可返回命令模式。

3. 末行模式

如果要保存、查找或者替换一些内容等，就需要进入末行模式。以下是常用的几个命令：

q：退出vi。

wq：保存文件并退出vi。

q!：强制退出vi，不管是否保存文档内容。

1.1.4　系统操作

1. clear命令

格式：clear

功能：清除屏幕。实质上只是让终端显示页向后翻了一页，如果向上滚动屏幕还可以看到之前的操作信息。

示例：

```
[root@demo data]# clear
```

2. hostname命令

格式：hostname[选项]

功能：用于显示和设置系统的主机名称。在使用hostname命令设置主机名后，系统并不会永久保存新的主机名，重新启动机器之后还是原来的主机名。如果需要永久修改主机名，需要同时修改/etc/hostname的相关内容。常用选项-a显示主机别名，-i显示主机的ip地址。

示例：

```
[root@demo data]# hostname
demo
```

3. hostnamectl命令

格式1：hostnamectl

功能：显示当前主机的名称和系统版本。

格式2：hostnamect set-hostname <host-name>

功能：永久设置当前主机的名称。

示例：

```
[root@demo data]# hostnamectl set-hostname master          #将当前主机的名称改为master，需要注销用户，重新登录就可以查看新的主机名
```

4. ip命令

CentOS 7已不使用ifconfig命令，其功能可通过ip命令代替。

格式1：ip link<命令选项>dev<设备名>

功能：对网络设备（网卡）进行操作，选项add、delete、show、set分别对应增加、删除、查看和设置网络设备。

示例：

```
[root@demo data]# ip link show                              #查看网络设备的状态
1: lo: <LOOPBACK,UP,LOWER_UP> mtu 65536 qdisc noqueue state UNKNOWN mode DEFAULT qlen 1
    link/loopback 00:00:00:00:00:00 brd 00:00:00:00:00:00
2: ens32: <BROADCAST,MULTICAST,UP,LOWER_UP> mtu 1500 qdisc pfifo_fast state UP mode DEFAULT qlen 1000
    link/ether 00:0c:29:29:11:2f brd ff:ff:ff:ff:ff:ff
```

格式2：ip address<命令选项>dev<设备名>

功能：对网卡的网络协议地址（IPv4/IPv6）进行操作，选项add、change、del、show分别对应增加、修改、删除、查看IP地址。

示例：

```
[root@demo data]# ip address show
1: lo: <LOOPBACK,UP,LOWER_UP> mtu 65536 qdisc noqueue state UNKNOWN qlen 1
    link/loopback 00:00:00:00:00:00 brd 00:00:00:00:00:00
    inet 127.0.0.1/8 scope host lo
       valid_lft forever preferred_lft forever
    inet6 ::1/128 scope host
       valid_lft forever preferred_lft forever
2: ens32: <BROADCAST,MULTICAST,UP,LOWER_UP> mtu 1500 qdisc pfifo_fast state UP qlen 1000
    link/ether 00:0c:29:29:11:2f brd ff:ff:ff:ff:ff:ff
    inet 192.168.131.138/24 brd 192.168.131.255 scope global dynamic ens32
       valid_lft 1290sec preferred_lft 1290sec
    inet6 fe80::b9f5:4408:a6b4:77cb/64 scope link
       valid_lft forever preferred_lft forever
```

5. systemctl命令

格式：systemctl <命令选项>service_name.service

功能：管理系统中的服务，“.service”表示管理的服务均包含了一个以.service结尾的文件，存放于/lib/systemd/目录中，可以省略。命令选项有start、restart、reload、stop、status，分别对应服务的启动、重启、重新加载、停止和显示状态。另外，选项enable表示开机时启动，disable表示撤销开机启动。

示例：

```
[root@demo data]# systemctl start network          #启动网络服务
[root@demo data]# systemctl stop firewalld         #关闭防火墙，注意CentOS 7
的防火墙服务名称改为firewalld
[root@demo data]# systemctl status sshd            #查看ssh服务的状态
[root@demo data]# systemctl enable sshd            #设置ssh服务开机启动
```

6. reboot命令

格式：reboot

功能：用于重新启动计算机，但是只有root用户才有权限重启计算机。

示例：

```
[root@demo data]# reboot
```

7. poweroff命令

格式：poweroff

功能：用来关闭计算机操作系统并且切断系统电源。如果确认系统中已经没有用户存在且所有数据都已保存，需要立即关闭系统，可以使用poweroff命令。

示例：

```
[root@demo data]# poweroff
```

8. export命令

格式：export [选项][变量名]

功能：用于将Shell变量输出为环境变量，或者将Shell函数输出为环境变量。一个变量创建时，它不会自动地为在它之后创建的Shell进程所知，而命令export可以向后面的Shell传递变量的值。当一个Shell脚本调用并执行时，它不会自动得到父脚本（调用者）里定义的变量的访问权，除非这些变量已经被显式地设置为可用。export命令可以用于传递一个或多个变量的值到任何子脚本。

命令常用选项如下。

-f：代表[变量名称]中为函数名称。

-n：删除指定的变量。变量实际上并未删除，只是不会输出到后续指令的执行环境中。

-p：列出所有的Shell赋予程序的环境变量。

示例：

```
[root@demo data]# export -p                  #列出当前所有的环境变量
declare -x HISTCONTROL="ignoredups"
declare -x HISTSIZE="1000"
```

```
declare -x HOME="/root"
declare -x HOSTNAME="demo"
declare -x LANG="zh_CN.UTF-8"
declare -x LESSOPEN="||/usr/bin/lesspipe.sh %s"
declare -x LOGNAME="root"
......
[root@demo data]# export MYENV                #定义环境变量MYENV
[root@demo data]# export MYENV=7              #定义环境变量，并赋值MYENV=7
```

9. echo命令

格式：echo [字符串]

功能：用于在终端设备上输出字符串或变量提取后的值。一般使用在变量前加上“$”符号的方式提取出变量的值，如$PATH，然后用echo命令予以输出。

示例：

```
[root@demo data]# echo "LinuxCool.com"      #输出一段字符串LinuxCool.com
LinuxCool.com
[root@demo data]# echo $PATH                #输出变量PATH值
/usr/local/sbin:/usr/local/bin:/usr/sbin:/usr/bin:/root/bin
```

10. source命令

格式：source [文件]

功能：用于重新执行刚修改的初始化文件，使之立即生效，而不必注销用户、重新登录。

示例：

```
[root@demo data]# source ~/.bash_profile     #读取和执行~/.bash_profile文件
```

任务二　了解Linux虚拟机及用户信息

视频

创建Linux操作系统虚拟机详细指南

1.2.1　创建Linux操作系统虚拟机

1. 环境准备

1）VMware Workstation安装

首先，确保计算机上已安装VMware Workstation。如果尚未安装，请从VMware官网下载最新版本，并按照安装向导完成安装，主界面如图1-1所示。

2）CentOS 7 Mini镜像下载

从CentOS官方或镜像源下载CentOS 7 Mini的ISO镜像文件（如CentOS-7-x86_64-Minimal-1708.iso）。推荐的镜像源包括阿里云和网易，图1-2所示为阿里云镜像源下载页面。

2. 创建虚拟机

1）打开VMware Workstation

启动VMware Workstation，单击“文件”菜单，选择“新建虚拟机”命令，如图1-3所示。

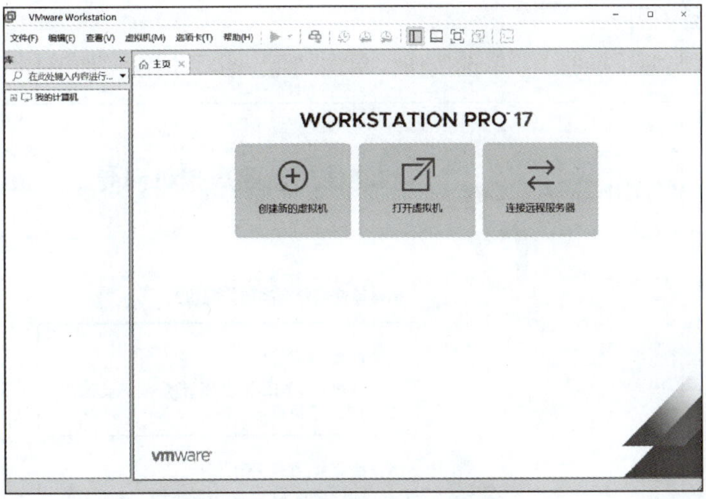

图1-1　VMware Workstation主界面

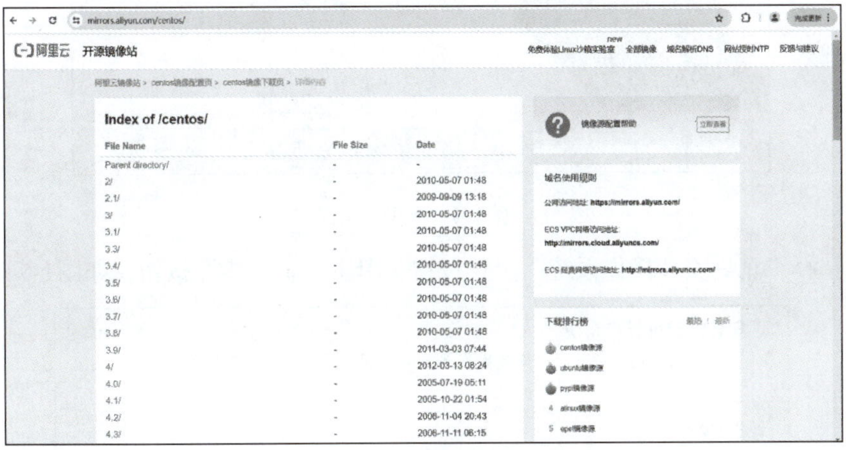

图1-2　阿里云镜像源下载页面

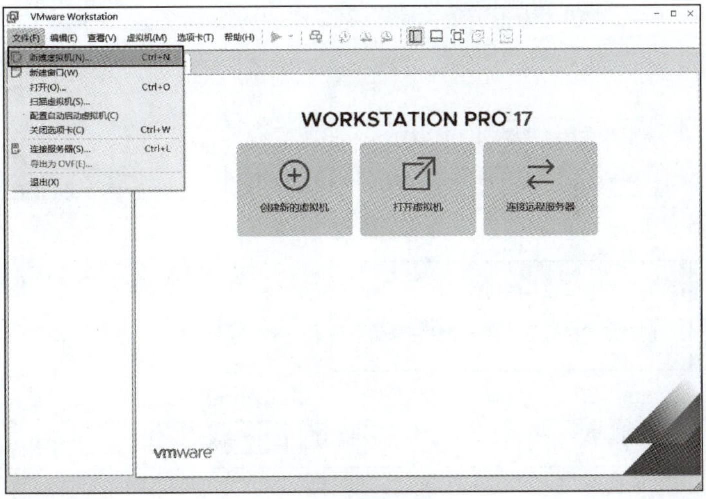

图1-3　新建虚拟机

2）选择配置类型

（1）选择“典型（推荐）”单选按钮，单击“下一步”按钮，如图1-4所示。

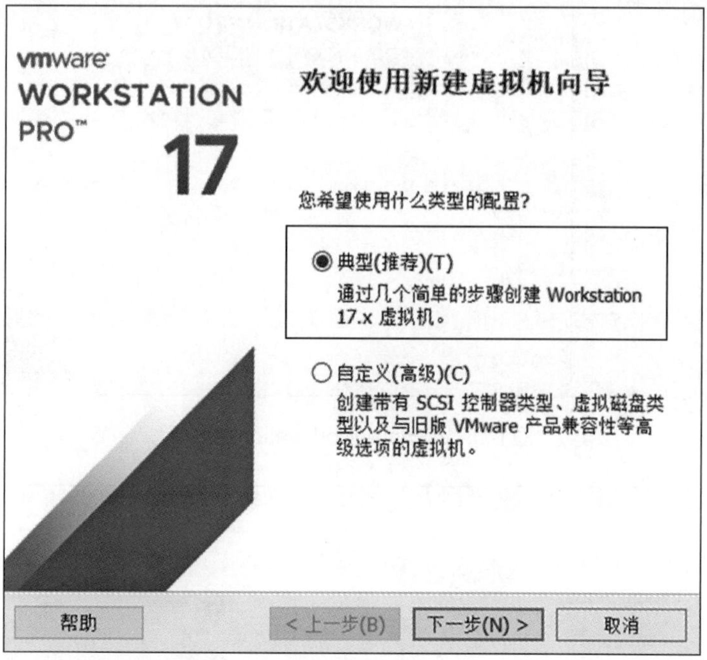

图1-4 典型安装

（2）选择“稍后安装操作系统”单选按钮，单击“下一步”按钮，如图1-5所示。

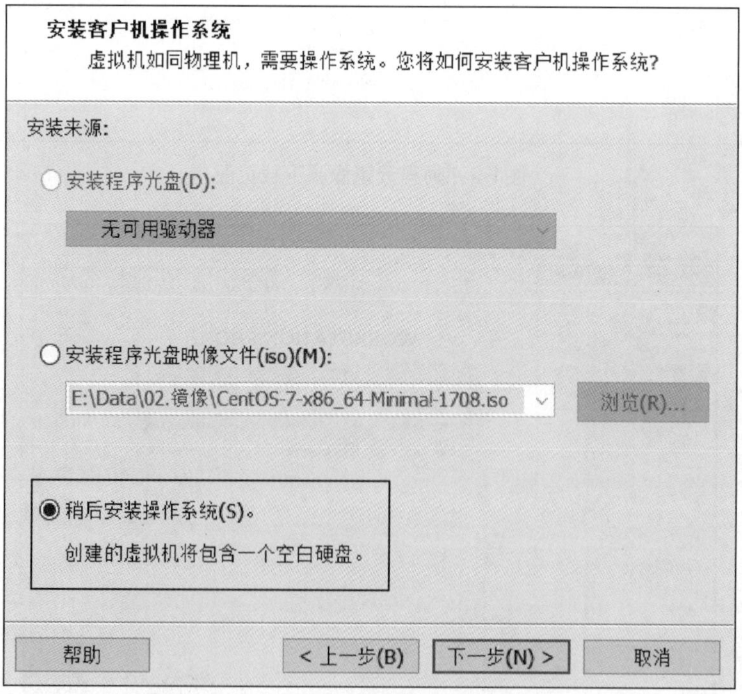

图1-5 “安装客户机操作系统”对话框

（3）客户机操作系统选择“Linux”单选按钮，版本选择“CentOS 7 64位”，如图1-6所示。

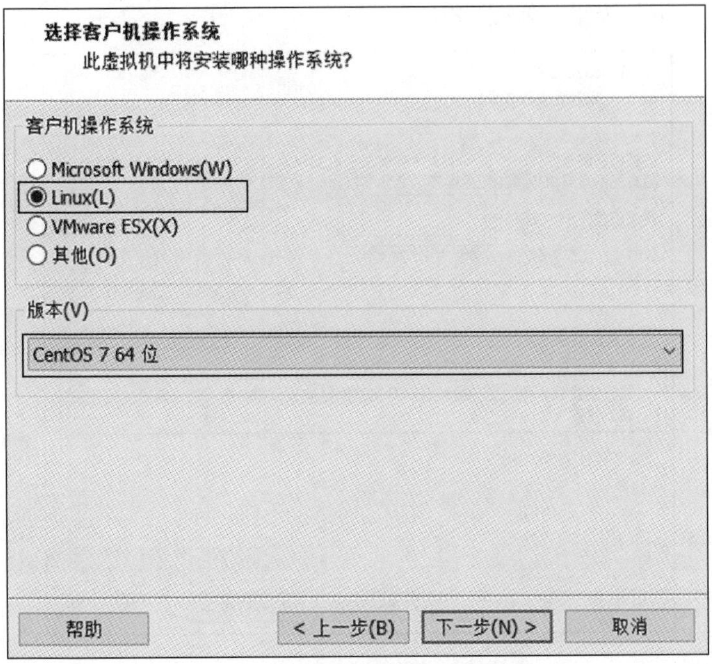

图1-6　“选择客户机操作系统”界面

3）设置虚拟机名称和位置

输入虚拟机名称，选择安装位置，单击“下一步”按钮，如图1-7所示。

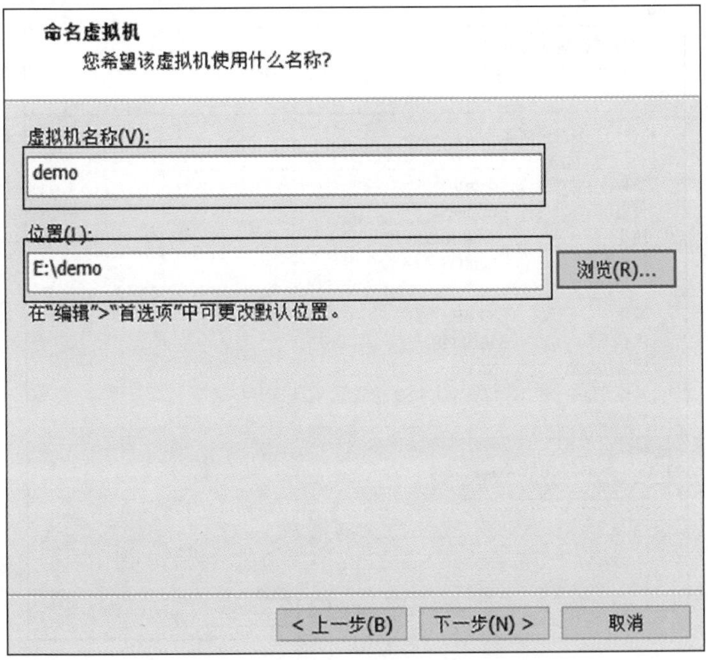

图1-7　“命名虚拟机”界面

4）配置硬盘大小

设置虚拟机硬盘大小，根据需求进行调整，选择“将虚拟磁盘拆分成多个文件”单选按钮，单击“下一步”按钮，如图1-8所示。

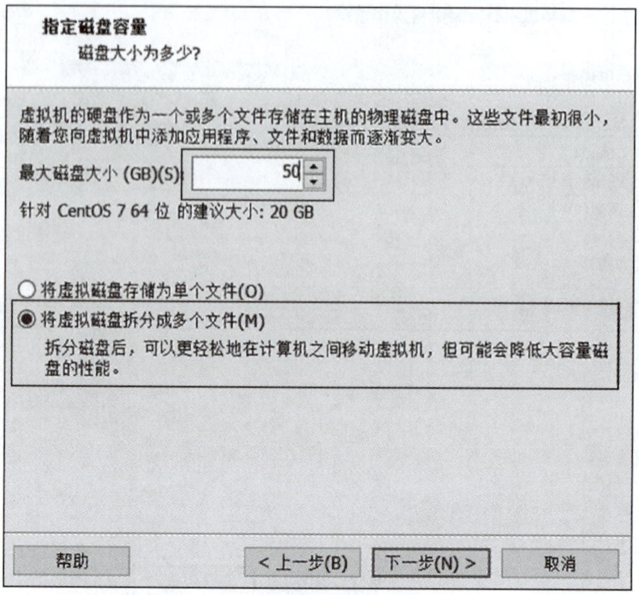

图1-8 “指定磁盘容量”界面

5）自定义硬件（可选）

单击“自定义硬件”按钮，根据需求调整内存大小、处理器数量等配置，完成后单击“关闭”按钮，再单击“完成”按钮，如图1-9所示。

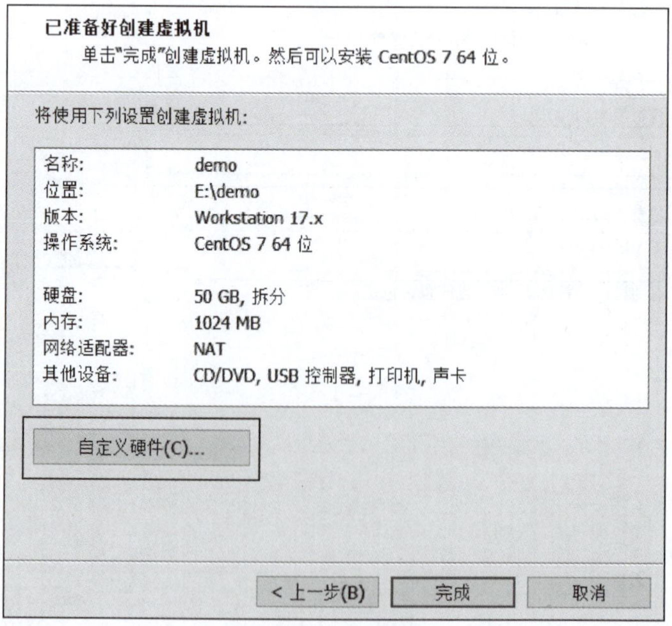

图1-9 自定义硬件

3. 安装CentOS 7 Mini

1）编辑虚拟机设置

（1）选中新建的虚拟机，单击“编辑虚拟机设置”选项，如图1-10所示。

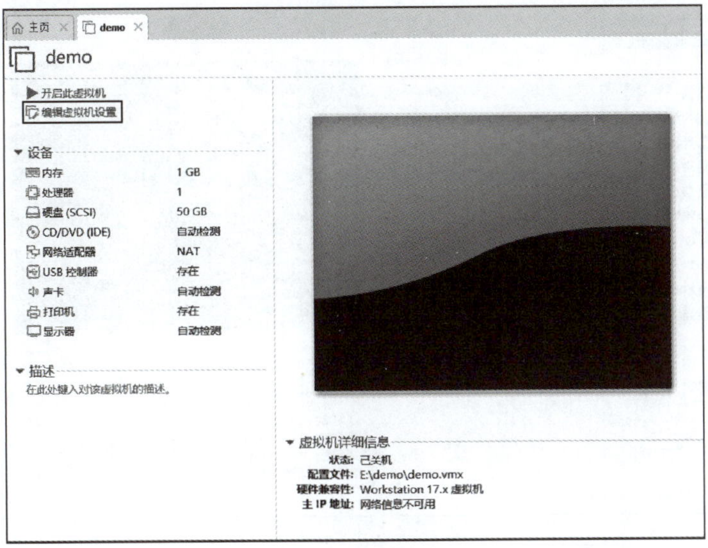

图1-10　编辑虚拟机设置

（2）在“CD/DVD（IDE）”选项中，选择“使用ISO映像文件”单选按钮，浏览并选择之前下载的CentOS 7 Mini ISO镜像文件，单击“确定”按钮，如图1-11所示。

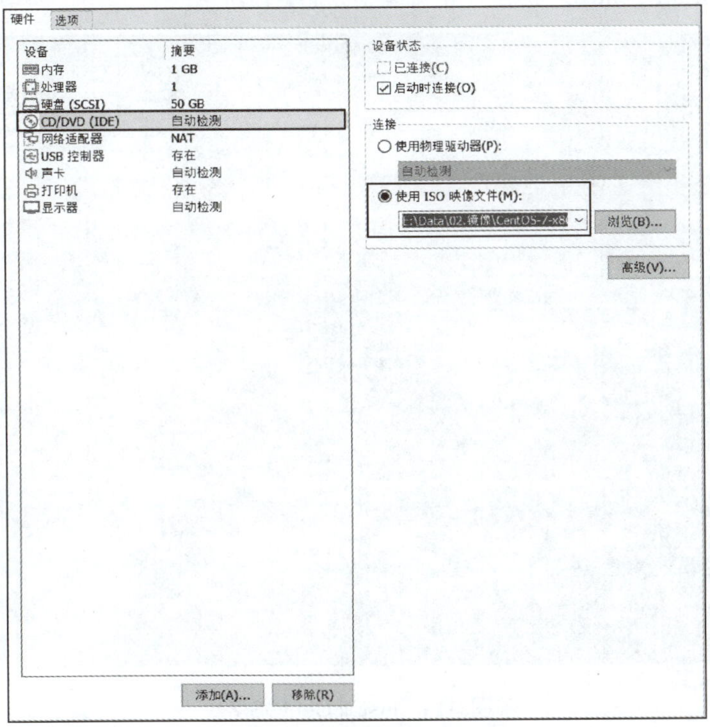

图1-11　选择映像文件

2）单动虚拟机

（1）单击“开启此虚拟机”按钮开始安装过程，如图1-12所示。

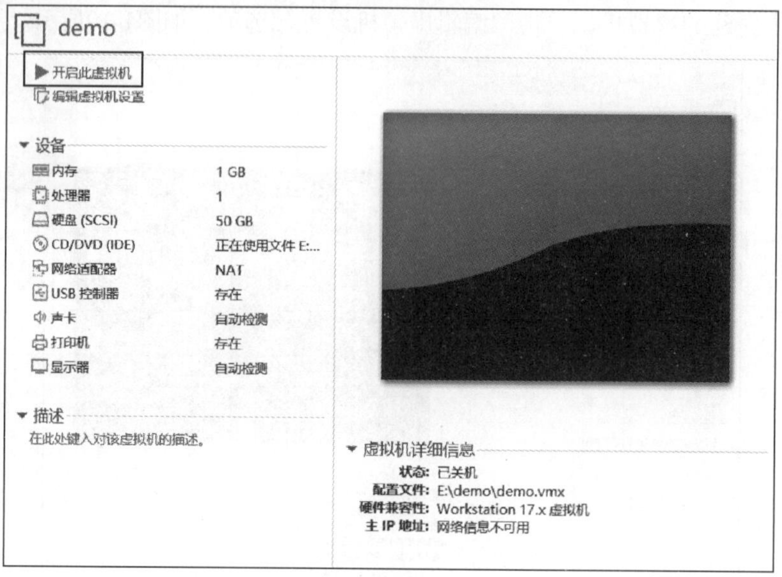

图1-12　启动虚拟机

（2）根据提示按任意键跳过检查或直接等待自动启动。

3）安装选项

（1）选择Install CentOS 7按钮开始安装，如图1-13所示。

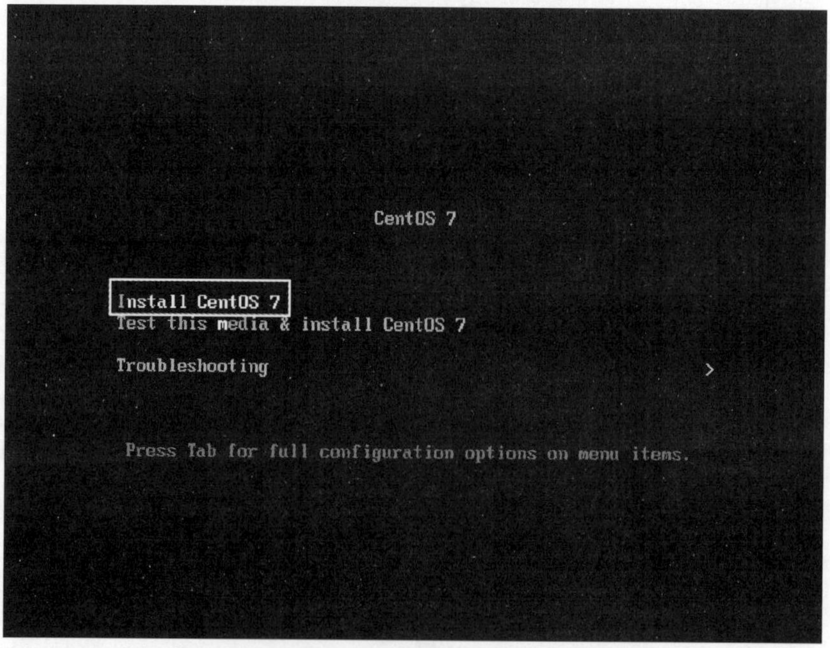

图1-13　Install CentOS 7

（2）选择安装语言（如中文或英文），单击“继续”按钮，如图1-14所示。

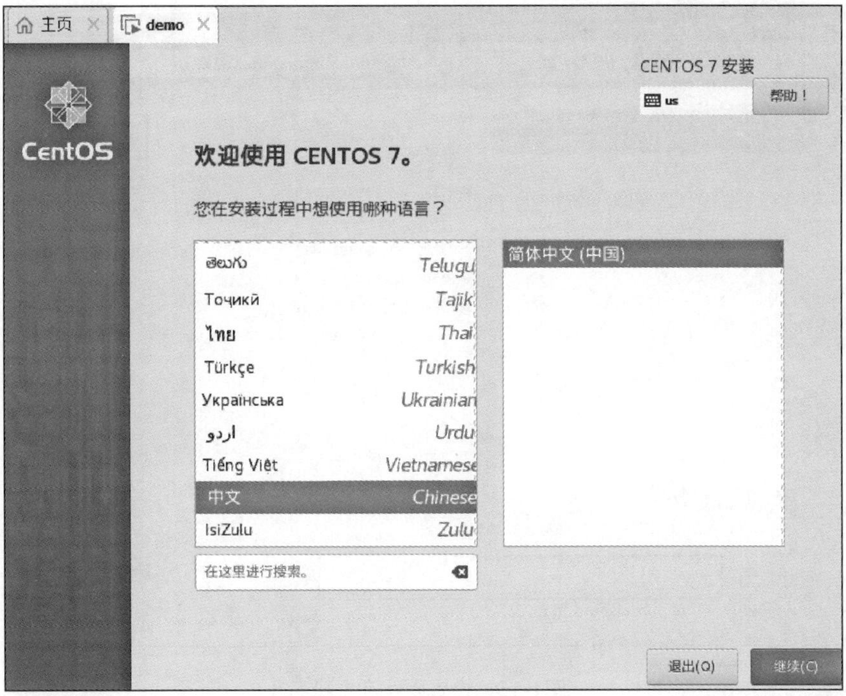

图1-14　选择安装语言

（3）在安装信息配置中，选择“软件选择”按钮，弹出“软件选择”对话框如图1-15所示，由于使用的是Mini版，默认为最小化安装，无须更改。

图1-15　选择最小化安装

（4）设置网络和主机名，确保网络已开启，如图1-16所示。

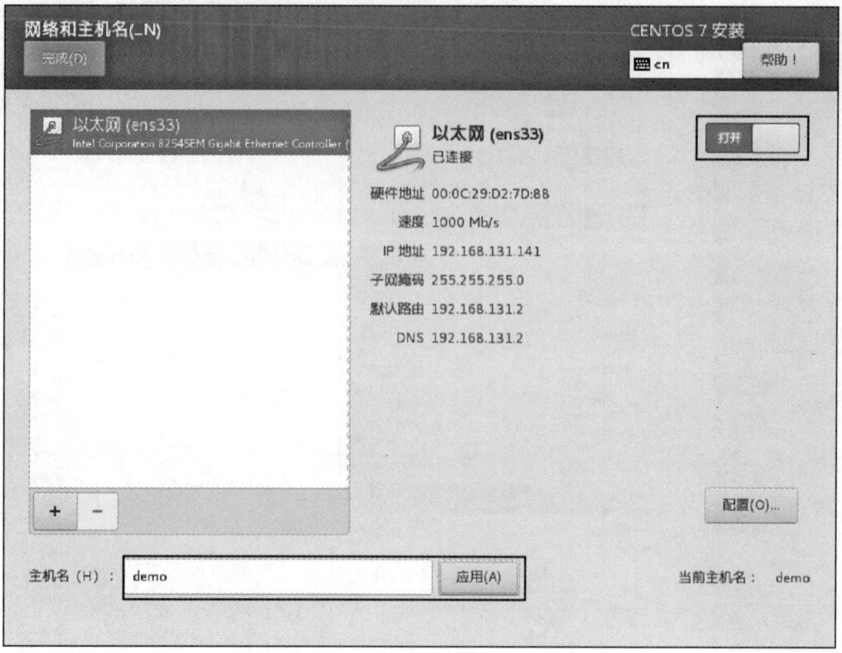

图1-16　设置网络和主机名

（5）选择安装位置，进行磁盘分区配置，通常可以选择默认设置或根据需要自定义分区，如图1-17所示。

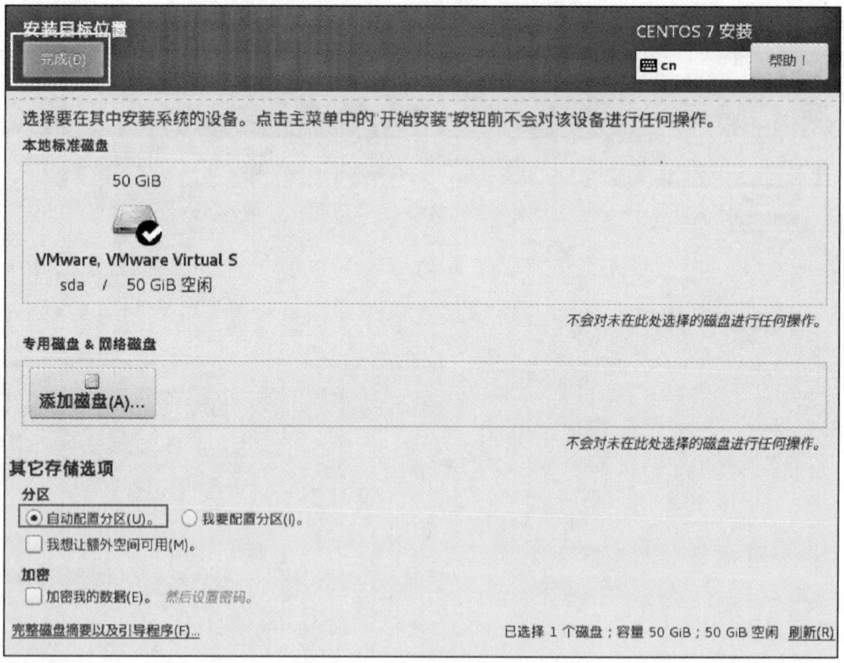

图1-17　磁盘分区配置

4）开始安装

单击“开始安装”按钮，开始安装，如图1-18所示。

图1-18　开始安装

5）等待安装完成

（1）安装过程中，根据提示设置root密码和创建用户（如果之前未创建），如图1-19和图1-20所示。

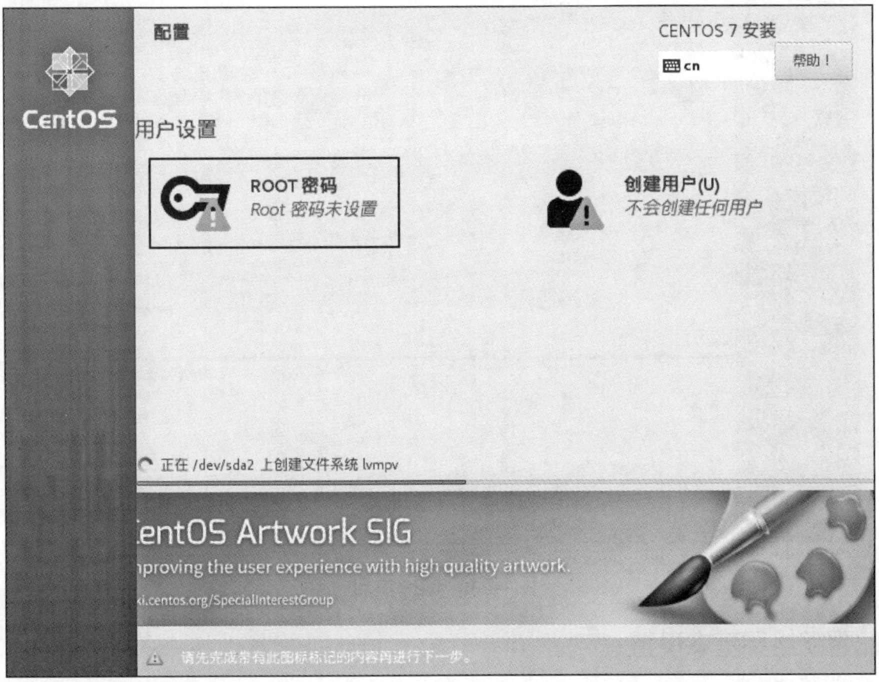

图1-19　选择root密码

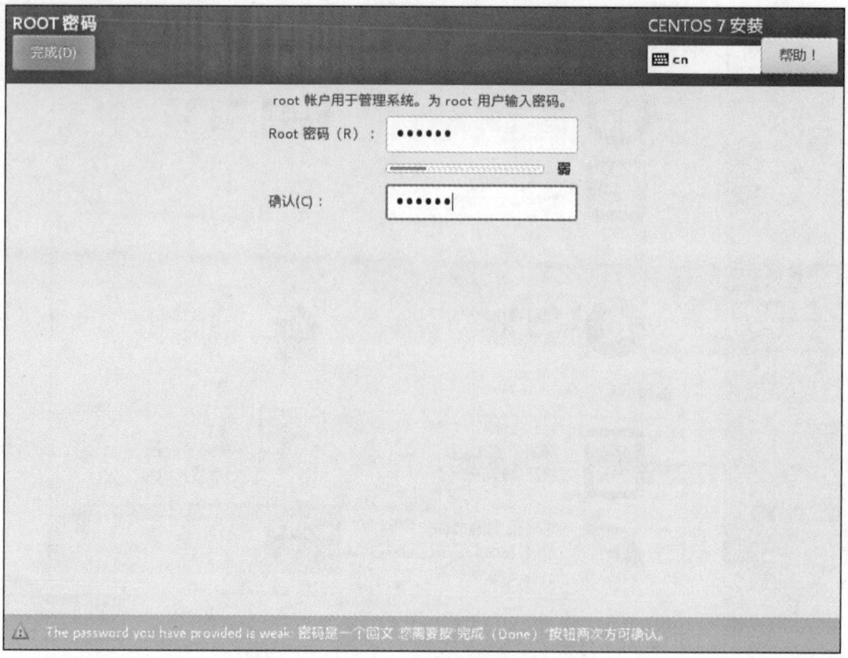

图1-20　设置root密码及确认密码

（2）等待安装完成，单击“重启”按钮，如图1-21所示。

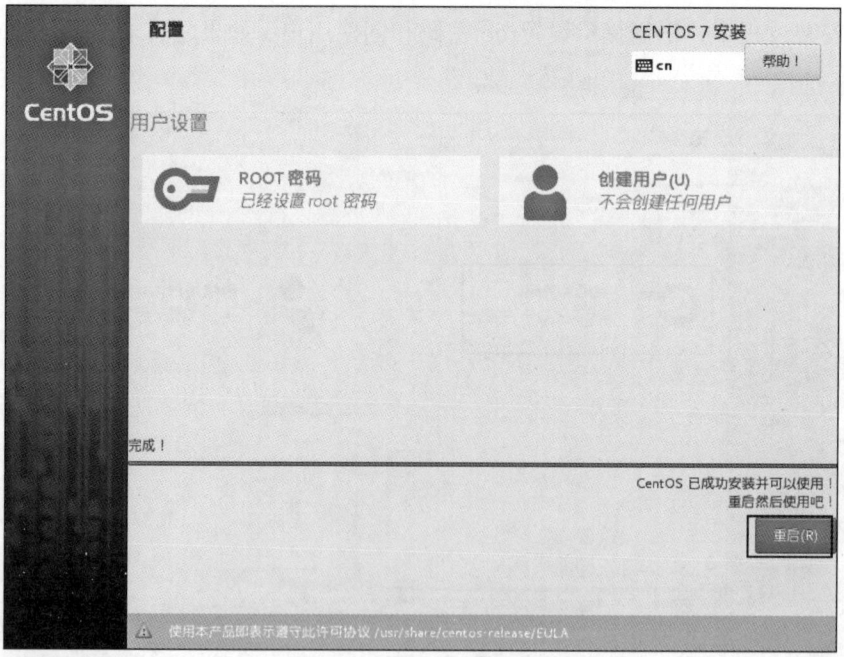

图1-21　选择重启

4. 配置网络和基本设置

1）网络配置

重启后，使用root账号登录系统，如图1-22所示。

图1-22　使用root账户登录

2）验证安装

（1）使用ping命令测试网络连接，如ping www.baidu.com，如图1-23所示。

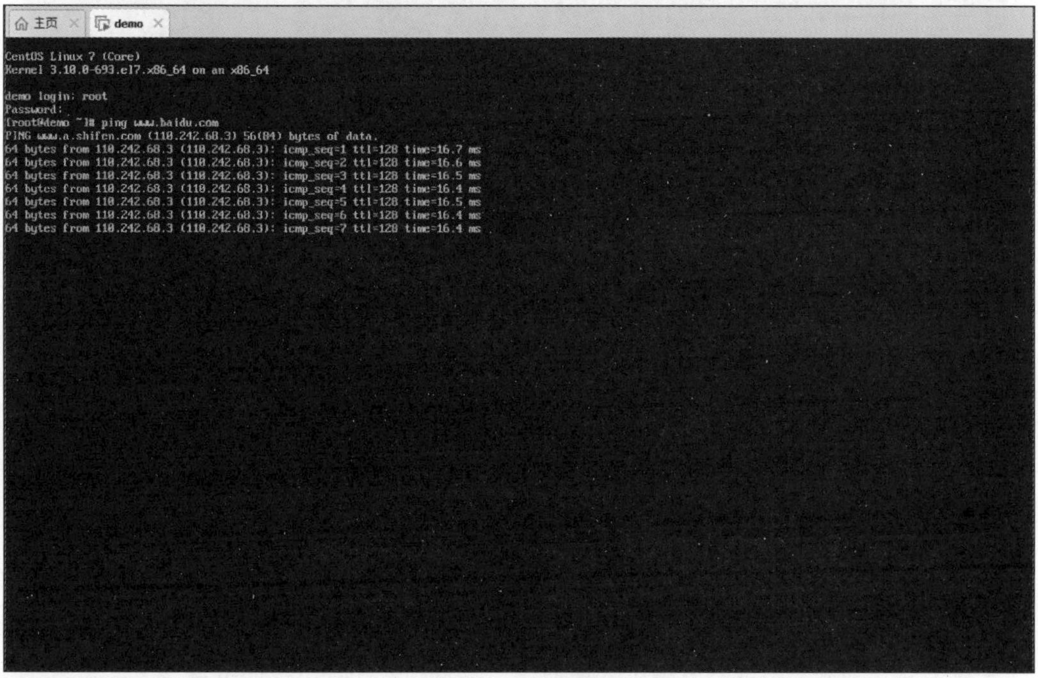

图1-23　测试网络

（2）使用ip addr命令查看IP地址配置，如图1-24所示。

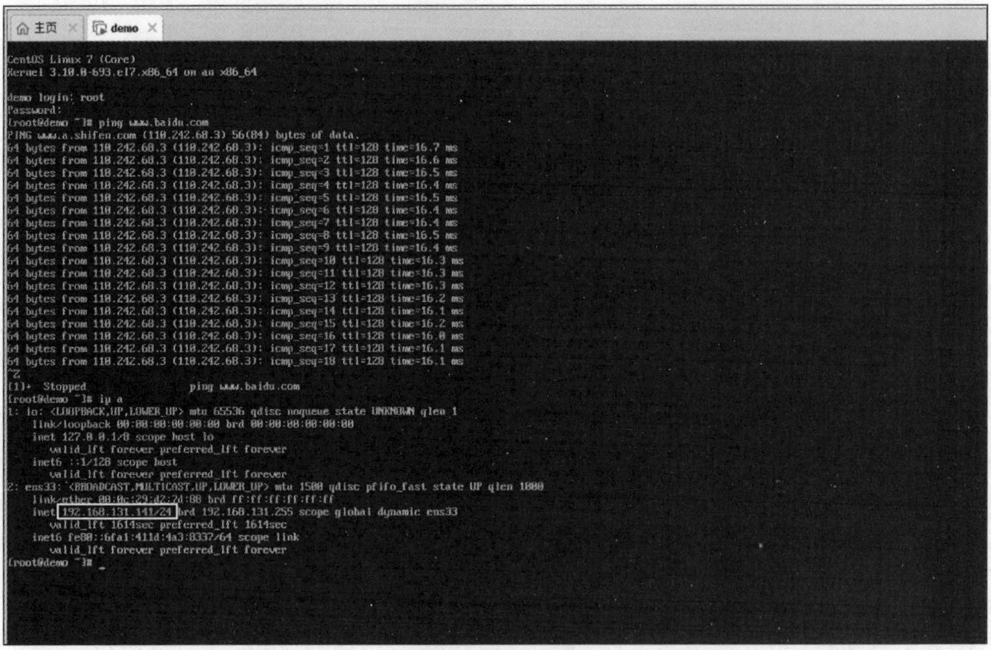

图1-24 查看IP地址

（3）使用SSH客户端（如SecureCRT）远程连接虚拟机，如图1-25所示，进行进一步的操作和管理。

图1-25 SSH客户端连接虚拟机

通过以上步骤，你可以在VMware Workstation中成功安装并配置CentOS 7 Mini版本。这个系统适合作为服务器或开发测试环境使用，具备高效和轻量级的特点。

5. 基本软件安装

（1）根据需要安装必要的工具，如wget、net-tools、vim等。

（2）使用yum install -y package_name命令安装软件包。

6. Linux环境下的文件传输

在Linux环境中，常用的文件传输方法包括SFTP（Secure File Transfer Protocol）和lrzsz工具。以下将详细介绍这两种方法。

1）使用SFTP进行文件传输

SFTP是一种安全的文件传输协议，它提供了文件的加密传输方式，确保了数据传输的安全性。

（1）连接远程服务器。

使用SFTP命令连接到远程Linux服务器。命令格式如下：

```
sftp root@192.168.131.141
```

其中，root是远程服务器的用户名，192.168.131.141是远程服务器的IP地址。

（2）查看当前服务器路径。

在SFTP会话中，可以使用lpwd命令查看本地当前路径。

（3）查看远程服务器路径。

使用pwd命令查看远程服务器当前路径，默认为用户目录。

（4）上传文件。

使用put命令将本地文件上传到远程服务器。命令格式如下：

```
put 本地文件路径  远程路径
```

例如，将本地文件example.txt上传到远程服务器的/home/root/目录下，命令如下：

```
put example.txt /home/root/
```

（5）下载文件。

使用get命令从远程服务器下载文件到本地。命令格式如下：

```
get 远程文件路径  本地路径
```

例如，将远程服务器上的文件/home/root/example.txt下载到本地当前目录下，命令如下：

```
get /home/root/example.txt.
```

2）使用lrzsz工具进行文件传输

lrzsz工具是用于Linux/UNIX系统与Windows系统进行ZModem文件传输的命令行工具。

（1）安装lrzsz工具。

在Linux操作系统中，可以使用yum包管理器安装lrzsz工具。命令如下：

```
yum install lrzsz
```

（2）上传文件。

使用rz命令从客户端（如SecureCRT、Xshell等SSH客户端）上传文件到服务器。命令格式如下：

```
rz
```

在执行此命令后，客户端会弹出文件选择对话框，选择要上传的文件即可。

（3）下载文件。

使用sz命令从服务器下载文件到客户端。命令格式如下：

```
sz 文件名
```

例如，将服务器上的文件example.txt下载到客户端，命令如下：

```
sz example.txt
```

在执行此命令后，客户端会弹出文件保存对话框，选择保存位置即可。

1.2.2 用户和组

Linux是一个多用户的操作系统，可以让多个用户同时从本机或远程登录到同一台计算机系统。用户登录Linux操作系统时，必须输入用户名和密码，只有当该用户名存在，并且密码正确，用户才能进入Linux操作系统。用户登录Linux操作系统时，系统会根据用户的默认配置建立用户的工作环境。

1. 用户的类型

在Linux操作系统中，不同类型的用户具有不同的权限。Linux操作系统的用户分为三种类型：超级用户、系统用户和普通用户。每一个用户都具有一个唯一的用户标识符UID，通过UID可以区分用户的类型。

（1）超级用户，又称root用户，拥有系统的最高权限，它可以使用系统的任何命令，访问系统的任何文件。超级用户的UID为0。

（2）系统用户，又称虚拟用户。这类用户都是系统自身拥有、用来执行特定任务的，不能用来登录Linux操作系统，如bin、daemon、adm等。系统用户的UID为1~999。

（3）普通用户，由超级用户创建，可以登录Linux操作系统。这类用户权限受限，只能操作其拥有权限的文件和目录，只能管理自己启动的进程。普通用户的UID从1 000开始。

2. 用户组

为方便管理属于同一组的用户，Linux操作系统中还引入了用户组的概念。通过使用用户组，可以把多个用户加入同一个组中，从而方便为组中的用户统一规划权限或指定任务。例如，一个公司中有多个部门，每个部门中又有很多员工。如果只想让员工访问本部门内的资源，则可以针对部门而非具体的员工来设置权限。例如，可以通过对技术部门设置权限，使得只有技术部门的员工可以访问公司的数据库信息等。Linux操作系统的组分为两种类型：系统组和私有组。每一个组都具有一个唯一的组标识符GID，通过GID可以区分组的类型。

（1）系统组：系统自动设置的组，与系统用户相对应，系统组的GID为0 ~ 999。

（2）私有组：由超级用户创建的组，超级用户创建普通用户时会默认创建一个同名的私有组。私有组的GID从1 000开始。

在Linux操作系统中创建一个用户时，会自动创建一个与其同名的私有组，这个私有组也称为该用户的基本用户组，而且这个基本用户组只有该用户一个人。如果该用户以后被划入其他用户组，则其他用户组称为该用户的扩展用户组。一个用户只有一个基本用户组，但是可以有多个扩展用户组。

3. 主目录

主目录也称为用户的home目录，相当于Windows的My Documents目录，用户登录Linux操作系统后会默认进入该目录。用户对自己主目录中的文件和子目录拥有全部权限。

创建用户时除非特别指定，默认的普通用户的主目录是/home下与用户同名的目录，系统会在创建用户的同时生成该目录。例如，用户hadoop的主目录默认为/home/hadoop，超级用户root的主目录是/root。

另外，创建用户时系统还会指定用户的Shell环境。普通用户默认使用Bash Shell环境。

1.2.3 文件类型和权限

Linux文件系统由文件和目录组成，文件是专门用于存储数据的对象，而目录是一种用来组织文件和子目录的容器。与Windows操作系统一样，Linux操作系统也使用树形目录结构来管理文件，所有的文件采取分层的方式组织在一起，形成一个树形的层次结构。但在Linux操作系统中，整个树形结构只有一个根目录，它位于根分区，用“/”表示，其他的目录和文件都以根目录为起点，挂载在根目录的下面。另外，与Windows操作系统不同，Linux操作系统的设备也以文件的方式进行管理。

1. 文件类型

Linux操作系统将文件分为四种类型：普通文件、目录文件、链接文件和设备文件。

1）普通文件

普通文件用于存储程序和数据，分为二进制文件和文本文件。二进制文件以二进制数据的形式存储，一般是图像、声音、视频和可执行的程序文件。文本文件则以文本的ASCII码形式存储，如Linux的配置文件和脚本文件等。普通文件的类型标识符为“-”。

2）目录文件

目录用于组织各种文件和子目录，它也是一种特殊的文件，存储一组相关文件的位置、大小等信息。目录文件的类型标识符为“d”。

3）链接文件

链接文件是对一个文件或目录的引用，分为硬链接文件和软链接文件（也称为符号链接文件）两种类型。

硬链接文件保留所链接文件的索引节点（即文件在磁盘中的具体物理位置）信息，即使所链接文件改名、移动或删除，硬链接文件仍然有效。硬链接文件只能用于文件，不能用于目录。硬链接文件的类型标识符与普通文件一样，也为“-”。

软链接文件本身不保存文件内容，只记录所链接文件的路径信息，类似于Windows操作系统中的快捷方式。如果所链接文件改名、移动或删除，则软链接文件就再无任何意义。软链接文件既能用于文件，也能用于目录。软链接文件的类型标识符为“l”。

4）设备文件

Linux将设备虚拟为一个文件，因此在Linux中可以用普通的Linux命令访问设备。这些设备文件主要存放于/dev目录中。设备文件分为字符设备文件和块设备文件两大类型。

字符设备文件对应字符设备。字符设备是以字符为单位进行输入输出的设备，包括终端（如/dev/tty01）、打印机（如/dev/lp0）等。字符设备文件的类型标识符为“c”。

块设备文件对应块设备。块设备是以数据块为单位进行输入输出的设备，包括磁盘（如/dev/hda）、光盘（如/dev/cdrom）等。块设备文件的类型标识符为“b”。

2. 文件权限

在Linux的命令提示符下，输入命令“1s -1”，可以显示根目录下每个文件的属性信息，其显示格式如下。

```
[root@master data]# ls -l /
总用量 20
lrwxrwxrwx.   1 root root    7 8月   5 09:05 bin -> usr/bin
dr-xr-xr-x.   5 root root 4096 8月   5 10:01 boot
drwxr-xr-x.   2 root root  202 8月  19 14:22 data
drwxr-xr-x.  19 root root 3080 1月  27 14:40 dev
drwxr-xr-x.  74 root root 8192 1月  27 14:40 etc
drwxr-xr-x.   2 root root    6 4月  11 2018 home
lrwxrwxrwx.   1 root root    7 8月   5 09:05 lib -> usr/lib
lrwxrwxrwx.   1 root root    9 8月   5 09:05 lib64 -> usr/lib64
drwxr-xr-x.   2 root root    6 4月  11 2018 media
drwxr-xr-x.   2 root root    6 4月  11 2018 mnt
drwxr-xr-x.   5 root root   45 8月  19 10:55 opt
dr-xr-xr-x. 110 root root    0 1月  27 14:40 proc
dr-xr-x---.   4 root root  188 8月  19 14:11 root
drwxr-xr-x.  23 root root  640 1月  27 14:40 run
lrwxrwxrwx.   1 root root    8 8月   5 09:05 sbin -> usr/sbin
drwxr-xr-x.   2 root root    6 4月  11 2018 srv
dr-xr-xr-x.  13 root root    0 1月  27 14:40 sys
drwxrwxrwt.  16 root root 4096 1月  27 14:40 tmp
drwxr-xr-x.  13 root root  155 8月   5 09:05 usr
drwxr-xr-x.  19 root root  267 8月   5 09:05 var
```

各列的含义如下（以第四行为例）：

第1列（d）为文件类型，d表示这个文件为目录文件。

第2~10列（rwxr-xr-x）为文件权限，具体含义下面会介绍。

第11列（19）为文件链接数，19表示有19个链接文件指向该目录。

第12列（root）为文件的拥有者，该目录的拥有者为root。

第13列（root）为文件所属组，该目录的所属组为root。

第14列（3080）为文件的大小，该目录内的文件大小为3 080 B。

第15列（1月 27 14:40）为文件创建或修改的日期和时间，该文件1月27日14点40分被访问过。

第16列（dev）为文件名，文件名为dev。

在Linux中文件的访问权限分为三类，不同的用户对同一文件又拥有不同的权限。

1）访问权限

用户对文件的访问权限分为可读、可写、可执行三种，分别用r、w、x表示。若用户无某个权限，则在相应权限位置用“-”表示。如“r-x”表示用户拥有对文件的读和执行权限，但没有写的权限。

可读权限（r）：对文件而言，表示可以浏览文件内容，可以复制文件。对目录而言，表示可以浏览目录内容，但不代表可以查看目录中文件的内容。

可写权限（w）：对文件而言，表示可修改文件内容，但不代表可以删除文件。对目录而言，表示可在目录中创建、删除和重命名文件。

可执行权限（x）：对文件而言，表示可以执行的权限（如果是程序，不需要可读权限；如果是Shell脚本，则需要同时具有可读权限）。对目录而言，表示可以用cd命令进入目录，并可访问目录中的文件。

2）文件的权限

文件的权限与用户和组是联系在一起的，文件的权限就是针对下列三类用户的：

（1）文件拥有者（owner）：建立文件或目录的用户。

（2）同组用户（group）：文件拥有者所属组的其他用户。

（3）其他用户（other）：既不是文件拥有者，也不是同组用户的其他所有用户。

前面所示的文件属性中，文件权限用9个字符（rwxrw-r--）来表示，这9个字符每3个一组分别对应上面3类用户。其中，第1~3个字符为第1组，对应文件拥有者所拥有的权限；第4~6个字符为第2组，对应同组用户所拥有的权限；第7~9个字符为第3组，对应其他用户所拥有的权限。

例如，文件profile_test.log的文件权限为rwxrw-r--，拥有者为root，并属于root组。说明root用户对该目录拥有可读、可写、可执行的权限（rwx）；同属于root组的其他用户对该目录拥有可读、可写的权限，但不能对文件进行执行（rw-）；第3组权限为r--，说明剩余其他用户对该目录仅有可读的权限，但不能对该目录进行写和执行的操作。

1.2.4　配置静态IP

1. 虚拟网络适配器

（1）在“控制面板”中找到“网络和Internet”链接，如图1-26所示。

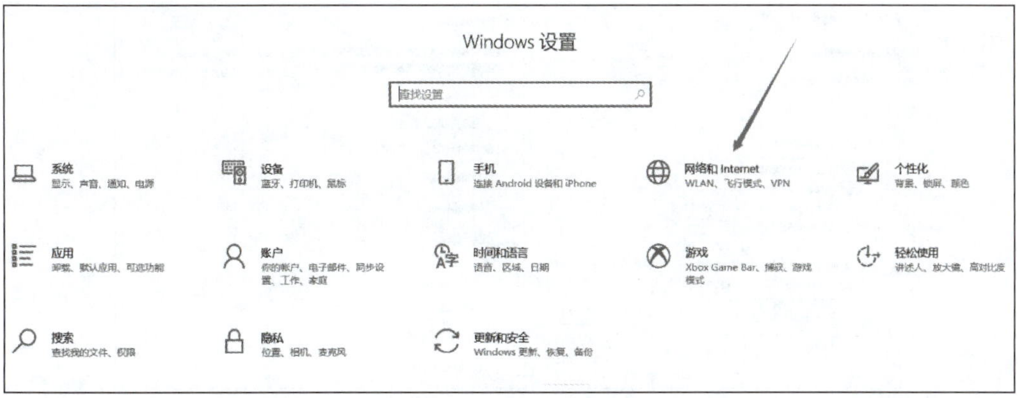

图1-26　网络和Internet

（2）打开“网络和Internet”界面，在“高级网络设置”中选择“更改适配器选项”，如图1-27所示。

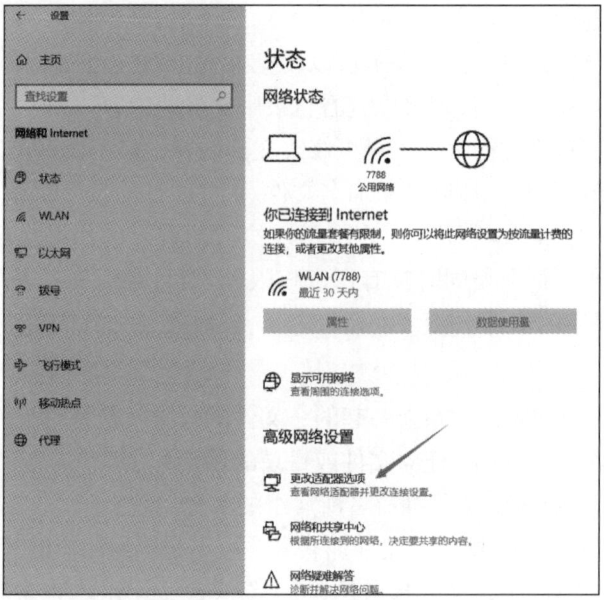

图1-27 更改适配器选项

（3）编辑VMnet8适配器。

右击“VMware Network Adapter VMnet8”，打开属性对话框，双击“Internet协议版本4（TCP/IPv4）”选项，打开“Internet协议版本4（TCP/IPv4）属性”对话框，IP地址在进入选项时就已经存在，如无特别需求不用更改。子网掩码设置为255.255.255.0，默认网关设置为192.168.131.2首选DNS服务器设置同默认网关，如图1-28所示。

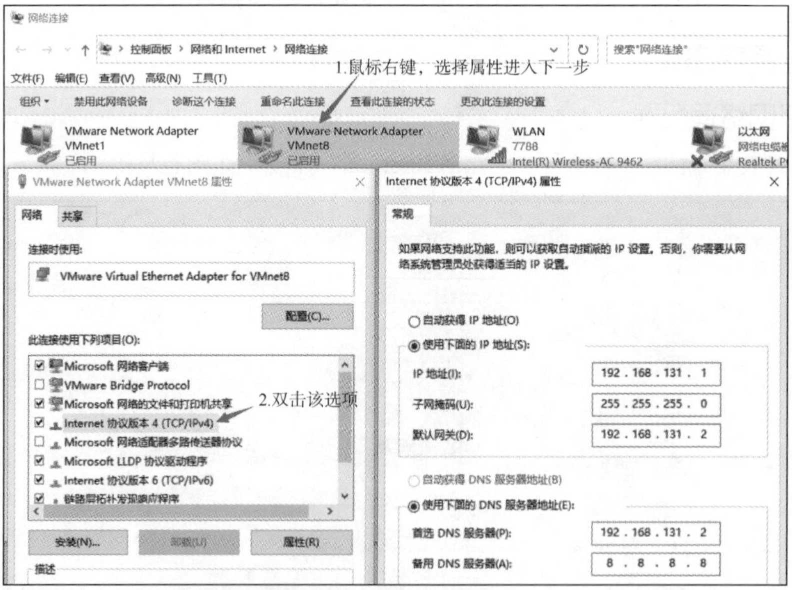

图1-28 编辑VMnet8适配器

2. 设置虚拟机虚拟网络编辑器

（1）单击“编辑”→“虚拟网络编辑器”命令查看虚拟网络编辑器，如图1-29所示。

图1-29　查看虚拟网络编辑器

（2）打开“虚拟网络编辑器”对话框，设置VMnet8网络编辑器，如图1-30所示。

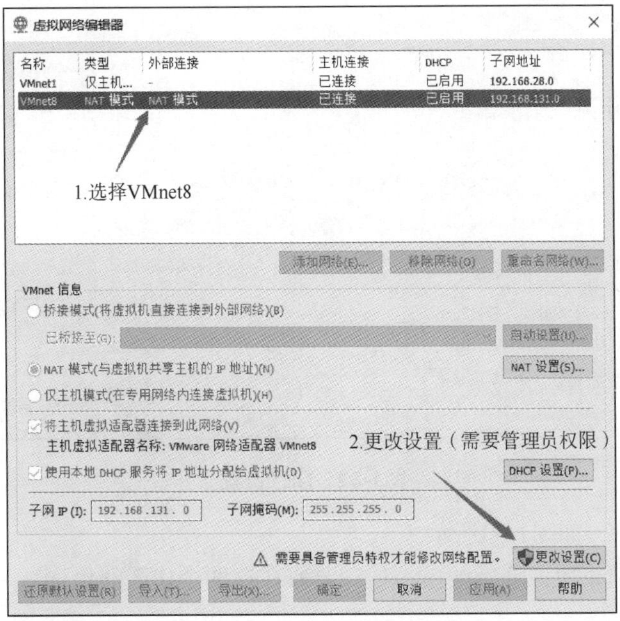

图1-30　设置VMnet8网络编辑器

（3）保持子网IP以及子网掩码与VMnet8适配器一致，如图1-31所示。

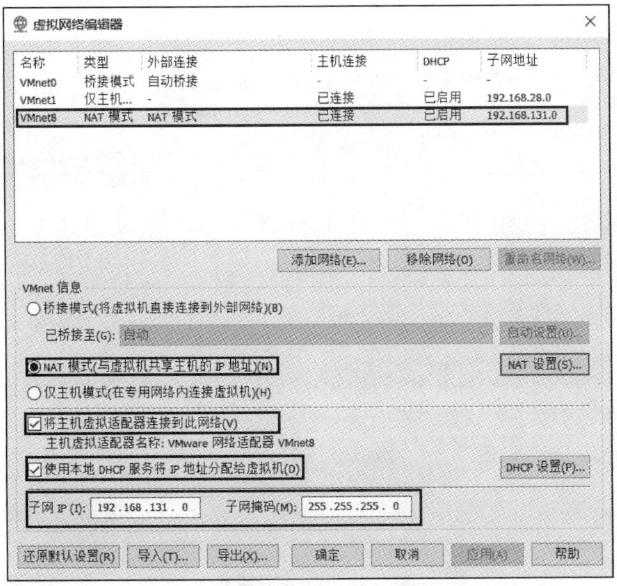

图1-31　设置子网IP及子网掩码

（4）设置NAT，如图1-32所示。

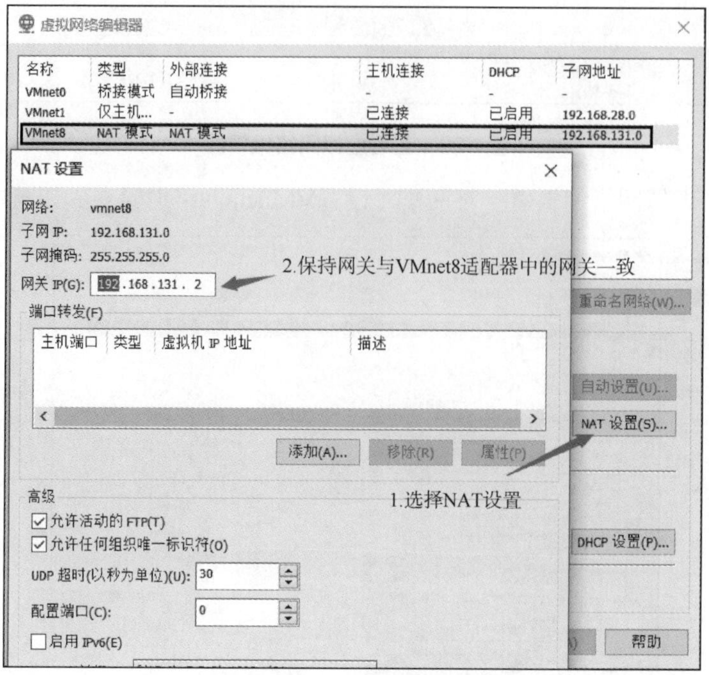

图1-32　NET设置

（5）查看DHCP，如图1-33所示。

记住起始IP和结束IP，随后的虚拟机IP要取在这两个IP区间里面。

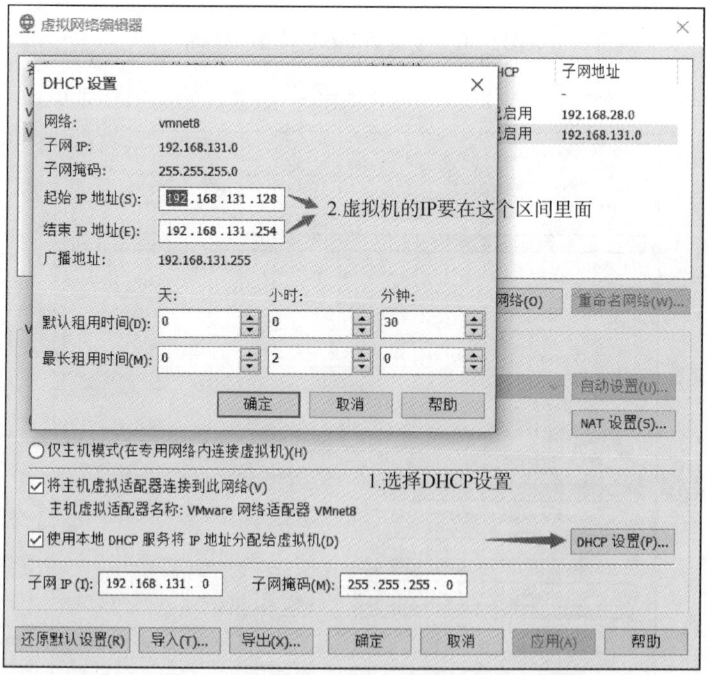

图1-33　DHCP设置

3. 编辑虚拟机虚拟网卡

（1）打开虚拟机进入终端，获取root权限，编辑网卡文件，如图1-34所示。

```
vim /etc/sysconfig/network-scripts/ifcfg-ens33
```

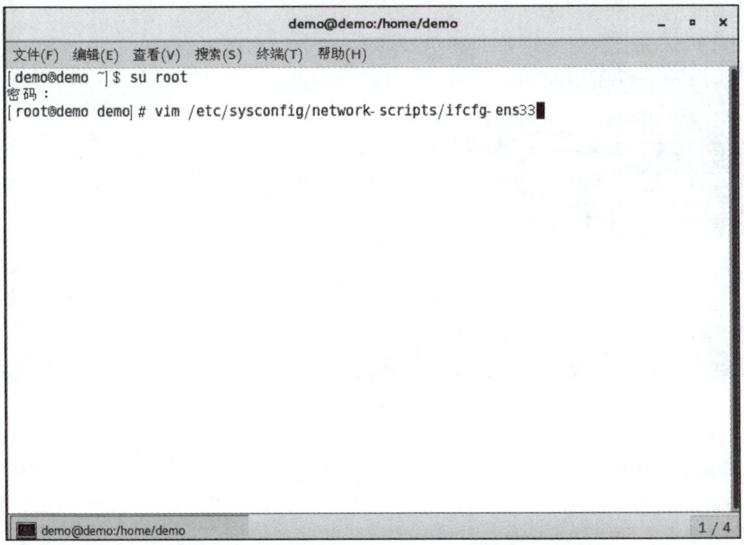

图1-34　使用Vim编辑器进入网卡文件

（2）编辑网卡配置，如图1-35所示。

IPADDR设置IP，IP地址需要设置为DHCP的起始和结束的IP区间。

GATEWAY设置网关，网关需要与VMnet8适配器的网关保持一致。

NETWORK设置子网掩码，与VMnet8适配器保持一致。

DNS1设置DNS，GATEWAY保持一致。

```
TYPE=Ethernet
PROXY_METHOD=static
BROWSER_ONLY=no
BOOTPROTO=dhcp
DEFROUTE=yes
IPV4_FAILURE_FATAL=no
IPV6INIT=yes
IPV6_AUTOCONF=yes
IPV6_DEFROUTE=yes
IPV6_FAILURE_FATAL=no
IPV6_ADDR_GEN_MODE=stable-privacy
NAME=ens33
UUID=fa65cffc-4ad5-496b-a3bd-0c1bd3bbd600
DEVICE=ens33
ONBOOT=yes
IPADDR=192.168.131.136
GATEWAY=192.168.131.2
NETWORK=255.255.255.0
DNS1=192.168.131.2
```

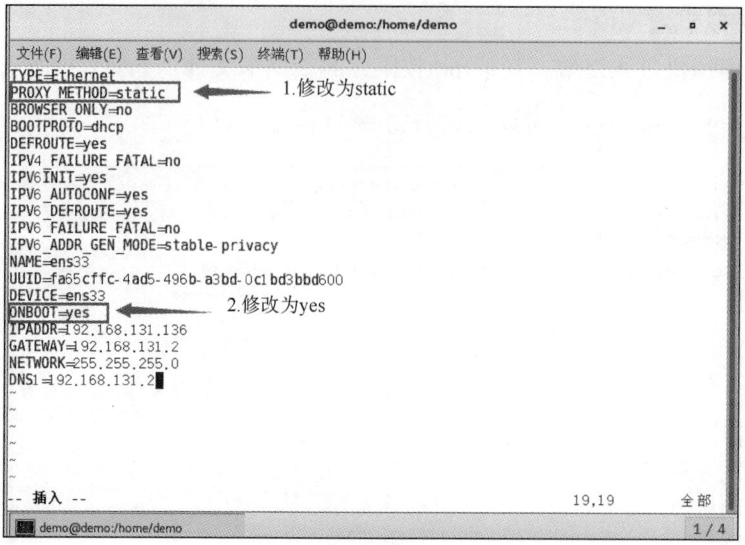

图1-35　编辑网卡配置

（3）保存并退出，重启虚拟机虚拟网卡，命令如下：

```
service network restart
```

（4）测试网络，测试成功，如图1-36所示。

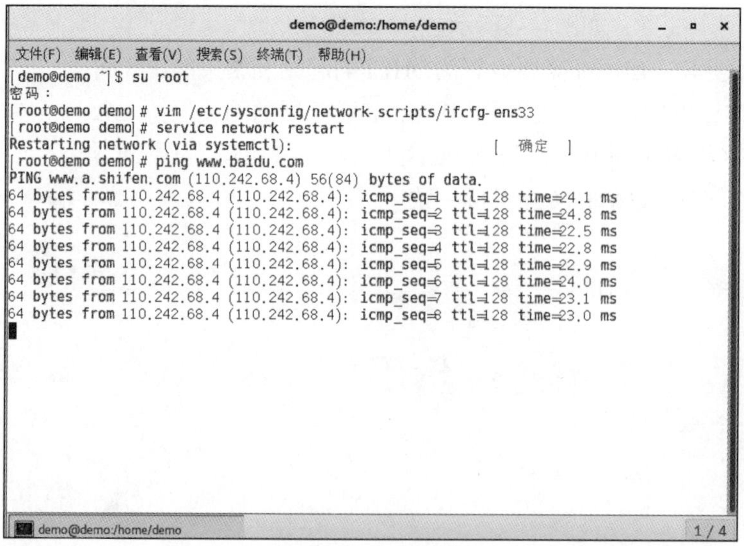

图1-36　测试网络

项目二

部署Hadoop伪分布式集群

在大数据时代，Hadoop作为处理海量数据的核心技术框架，其重要性不言而喻。Hadoop不仅提供了强大的分布式存储能力（通过HDFS），还通过MapReduce框架实现了高效的并行数据处理，为大数据分析和挖掘提供了坚实的基础。然而，在正式投入生产环境之前，对Hadoop的深入理解和实践是不可或缺的。伪分布式集群的部署，作为这一过程中的重要一环，不仅能够帮助我们熟悉Hadoop的架构和配置，还能在单节点上模拟分布式环境，为后续的完全分布式部署积累经验。

伪分布式集群，顾名思义，就是在单个节点上模拟分布式环境的一种部署方式。它允许Hadoop的所有组件（如NameNode、DataNode、ResourceManager、NodeManager等）都在同一台机器上运行，但彼此间通过不同的端口和配置进行通信，从而模拟出分布式的效果。这种部署方式具有操作简单、易于配置、资源需求低等优点，非常适合初学者和开发者在本地环境中进行Hadoop的学习和测试。

在正式部署Hadoop伪分布式集群之前，我们需要做好充分的准备工作。首先，确保系统满足Hadoop的硬件和软件要求，包括足够的内存、存储空间以及合适的操作系统版本。其次，需要安装并配置Java环境，因为Hadoop是基于Java开发的。此外，还需要了解Linux操作系统的基本操作，因为Hadoop通常在Linux环境下运行。

部署Hadoop伪分布式集群的意义在于，它为我们提供了一个接近真实分布式环境的测试平台。在这个平台上，我们可以学习Hadoop的配置、启动、停止等基本操作，了解HDFS和MapReduce的工作原理，以及如何通过Hadoop进行大数据的存储和处理。同时，伪分布式集群还能够帮助我们发现并解决在完全分布式环境中可能遇到的问题，为后续的部署工作打下坚实的基础。

视频

Hadoop全面解析：从诞生背景到未来展望

任务一　走进Hadoop的世界

2.1.1　Hadoop的发展历程与应用现状

1. Hadoop概述

Hadoop是Apache软件基金会旗下的一个开源分布式存储和计算平台，是基于Java语言开发的，有很好的跨平台性。以Hadoop分布式文件系统（hadoop distributed file system，HDFS）和MapReduce（Google Map Reduce的开源实现）为核心的Hadoop为用户提供了系统底层细节透明的分布式基础架构。HDFS的高容错性、高伸缩性等优点允许用户将Hadoop部署在低廉的硬件上，形成分布式系统；MapReduce分布式编程模型允许用户在不了解分布式系统底层细节的情况下开发并行应用程序。所以用户可以利用Hadoop轻松地组织计算机资源，从而搭建自己的分布式计算平台，并且可以充分利用集群的计算和存储能力，完成海量数据的处理。经过业界和学术界长达10年的锤炼，Hadoop 3.0已经问世。Hadoop在实际的数据处理和分析任务中担当着不可替代的角色。

Hadoop这个名称不是一个缩写，它是一个虚构的名称。该项目的创建者DougCutting解释Hadoop的得名："这个名字是我孩子给一个棕黄色的大象玩具命名的。我的命名标准就是简短、容易发音和拼写，没有太多的意义，并且不会被用于别处。小孩子恰恰是这方面的高手。"

因其在分布式环境下提供了高效的、海量的数据的优秀处理能力，Hadoop被公认为大数据行业中的标准开源软件。大多数主流的厂商，如Google、微软、淘宝等公司是围绕Hadoop提供开发工具、开源软件、商业化工具或技术服务的。

2. Hadoop的发展历程

（1）2002年，Hadoop的源头是ApacheNutch搜索引擎项目。

（2）2003年，Google发布了关于DFS的论文。

（3）2004年，Nutch的开发者发布了NDFS，Google公司发表了MapReduce，最初版本问世。

（4）2005年，Nutch移植到新的框架，Hadoop在20个节点上稳定运行。

（5）2006年，DougCutting加入Yahoo，ApacheHadoop项目正式启动以支持MapReduce和HDFS从Nutch中独立处理发展。Yahoo建立了一个300个节点的Hadoop研究集群。

（6）2007年，研究集群达到两个1 000个节点的集群。

（7）2008年，Hadoop成为Apache顶级项目。Hive成为Apache子项目。

（8）2009年，Cloudera推出CDH（Cloudera's Distribution Including Apache Hadoop），MapReduce和HDFS成为Hadoop项目的独立子项目，Avro和Chukwa成为Hadoop新的子项目。

（9）2010年，Avro脱离Hadoop项目，成为Apache顶级项目；HBase脱离Hadoop项目，成为Apache顶级项目；Hive（Facebook）脱离Hadoop，成为Apache顶级项目；Pig脱离Hadoop，成为Apache顶级项目。

（10）2011年，Hadoop 1.0问世，标志着Hadoop初步形成了完整的生态系统

（11）2013年，Hadoop 2.0问世，正式进入2.×版本时代。

（12）2016年，Hadoop 3.0问世，正式进入3.×版本时代。

3. Hadoop的应用现状

由于Hadoop优势突出，基于Hadoop的应用已经遍地开花，尤其是在互联网领域。Facebook使用Hadoop存储内部日志与多维数据，并以此作为报告、分析和机器学习的数据

源；Adobe主要使用Hadoop及HBase，用于支撑社会服务计算，以及结构化的数据存储和处理；百度Hadoop机器总数达上万台，在Hadoop的基础上还开发了自己的日志分析平台；中国移动研究院基于Hadoop的“大云”（Big Cloud）系统对数据进行分析并对外提供服务。

Hadoop经过多年的发展已经构建起了一个较为庞大的技术生态，很多商用的大数据平台也是基于Hadoop来构建的，所以当前很多想进入大数据领域发展的技术人员，也会从Hadoop开始学起。

Hadoop目前已经取得了非常突出的成绩。随着互联网的发展，新的业务模式还将不断涌现，Hadoop的应用也会从互联网领域向电信、电子商务、银行、生物制药等领域拓展。相信在未来，Hadoop将会在更多的领域中扮演幕后英雄，为我们提供更加快捷优质的服务。Apache Hadoop官方网站页面如图2-1所示。

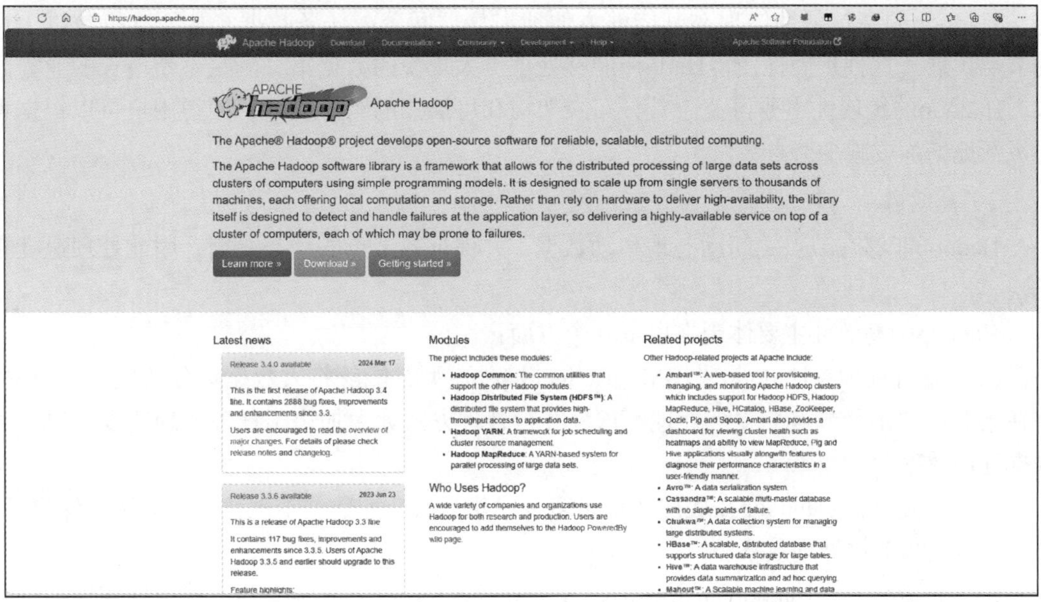

图2-1　Apache Hadoop官方网站页面

2.1.2　Hadoop的优点与核心组成

1. Hadoop的优点

Hadoop是一个能让用户轻松开发和运行处理大数据的分布式平台。它主要有以下几个优点。

1）高可靠性

Hadoop的高可靠性主要通过以下几种方式实现：

（1）冗余数据存储：Hadoop通过为每个数据块生成多个副本（默认是三个），并将这些副本存储在集群中的不同节点上，以确保数据的可靠性和可用性。即使某个节点或副本发生故障，其他副本仍然可以接替工作，保证数据服务的正常提供。这种冗余存储机制大大提高了系统的容错能力。

（2）校验和验证：Hadoop使用校验和来验证数据的完整性。在数据写入过程中，

Hadoop会为每个数据块计算一个校验和，并将其存储在NameNode上。当读取数据时，Hadoop会重新计算数据块的校验和，并与NameNode上存储的校验和进行比对，以确保数据的完整性和准确性。

（3）数据备份与故障恢复机制：Hadoop提供了数据备份和故障恢复机制，以应对意外情况。当某个节点发生故障时，Hadoop会自动将该节点上的数据块复制到其他节点上，以保证数据的可靠性和完整性。同时，Hadoop还提供了快速故障恢复机制，可以自动将失败的任务重新分配给其他可用节点，并快速恢复数据服务。

2）高扩展性

Hadoop是在可用的计算机集群间分配数据并完成计算任务的，这些集群可以方便地扩展到数以千计的节点中。

Hadoop的高扩展性体现在其能够方便地在集群间分配任务数据，从而支持数以千计的节点扩展。这种扩展性使得Hadoop能够处理更大规模的数据集，满足不断增长的业务需求。Hadoop的扩展性主要得益于其分布式架构和可插拔的组件设计，使得用户可以根据需要灵活地增加或减少节点数量。

3）高效性

Hadoop能够在节点之间动态地移动数据，并保证各节点的动态平衡，因此处理速度非常快。

Hadoop的高效性主要体现在以下几个方面：

（1）并行处理：Hadoop采用MapReduce编程模型，能够将大数据集分割成多个小块，并在集群中的多个节点上并行处理。这种并行处理方式大大加快了任务处理速度，提高了数据处理效率。

（2）优化算法：Hadoop在底层实现了多种优化算法，如数据本地化、任务调度优化等，以进一步提高数据处理效率。

（3）资源管理：Hadoop通过YARN（yet another resource negotiator）等组件实现了资源的动态管理和调度，确保集群中的资源得到充分利用，从而提高整体处理效率。

4）高容错性

Hadoop能够自动保存数据的多份副本，并且能够自动将失败的任务重新分配。

Hadoop的高容错性主要体现在以下几个方面：

（1）自动任务重试：当Hadoop集群中的某个任务失败时，YARN会自动将该任务重新分配给其他节点执行，以确保任务能够顺利完成。

（2）节点故障恢复：当集群中的某个节点发生故障时，Hadoop会自动将该节点上的数据块和任务重新分配到其他节点上，以确保数据的可靠性和服务的连续性。

（3）数据副本机制：如前所述，Hadoop通过数据副本机制提高了数据的可靠性和容错性。即使某个副本发生故障，其他副本仍然可以接替工作，保证数据服务的正常提供。

2. Hadoop的核心组成

在当下，Hadoop已经形成了一个庞大的体系，有数据的地方大多数会看到Hadoop的身影。目前的Hadoop逐渐演化出来两种分类，广义的Hadoop和狭义的Hadoop。

狭义的Hadoop主要包括三大部分：HDFS（分布式文件系统）、MapReduce（分布式计算系统）、YARN（资源管理器）。

广义的Hadoop是指Hadoop的生态系统，Hadoop的生态系统是一个庞大的体系，如图2-2所示。Hadoop只是其中最重要、最基础的部分，生态系统中的每个子系统只负责解决某个特定的问题域。

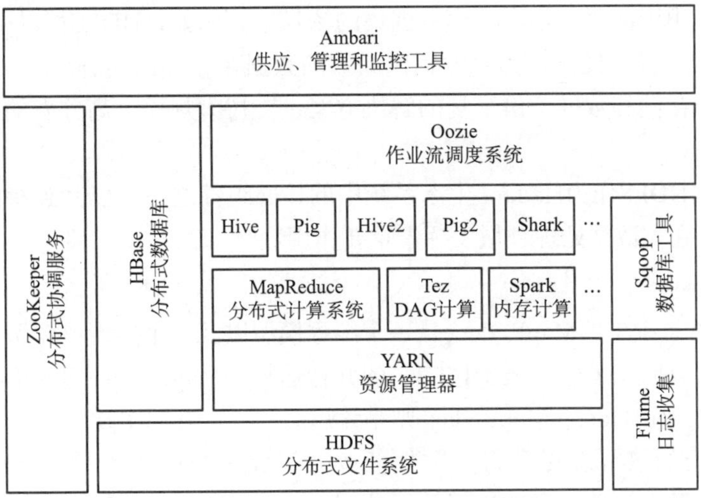

图2-2 Hadoop的生态系统

1）HDFS

Hadoop生态系统中的HDFS，即Hadoop分布式文件系统，是Apache Hadoop项目的核心组件之一。HDFS是一个设计用于存储和处理大规模数据集的高容错性分布式文件系统。它以低成本硬件为基础，提供了高吞吐量、高可靠性和高扩展性的数据存储解决方案。

（1）HDFS的设计特点。HDFS的设计初衷是为了处理海量数据，支持PB级别的数据存储需求。它通过将大文件分割成固定大小的数据块（通常为64 MB或128 MB），并将这些数据块分散存储在集群中的多个节点上，实现了数据的分布式存储。这种分块存储的方式不仅提高了数据的可靠性和容错性，还使得HDFS能够处理大规模数据集，支持高效的数据访问和处理。

（2）HDFS的架构与组件。HDFS采用主从（Master/Slave）结构模型，主要由NameNode和DataNode两种角色组成。NameNode是HDFS的主节点，负责管理文件系统的命名空间和客户端的访问请求，它存储了文件的元数据信息，但不存储实际数据。DataNode是HDFS的从节点，负责存储和检索文件数据，它们接收来自NameNode的指令，从本地磁盘或网络中的其他DataNode上读取或写入数据块。

此外，HDFS还包含Secondary NameNode这一辅助组件，它并不是NameNode的备份，而是用来辅助NameNode进行元数据备份和编辑日志的归档。Secondary NameNode定期从NameNode中获取元数据信息，然后将其合并成一个新的编辑日志文件，并在达到一定大小时发送给NameNode进行归档，以保证元数据的安全性和可靠性。

（3）HDFS的数据复制与容错。HDFS通过数据复制机制来提高数据的可靠性和容错性。

当数据被写入HDFS时，它会被分成多个数据块，并将每个数据块复制到多个节点上（默认为3个副本）。这种冗余存储的方式使得当某个节点发生故障时，HDFS可以自动从其他节点上的副本中恢复数据，保证数据的完整性和可用性。同时，HDFS还具备自动的故障检测和恢复机制，能够及时发现并处理节点故障，确保系统的稳定运行。

（4）HDFS的应用场景。由于HDFS具有高容量、高吞吐量、高可靠性和高扩展性等特点，它广泛应用于需要处理大规模数据集的场景中。例如，HDFS可以用于大数据存储、数据分析、数据挖掘等任务，为企业提供高效的数据存储和访问解决方案。此外，HDFS还可以作为日志存储和数据备份恢复的解决方案，支持大规模、高并发的日志处理和数据备份需求。

综上所述，HDFS作为Hadoop生态系统中的核心组件之一，以其独特的设计理念和强大的功能特性，在大数据处理领域发挥着重要作用。

2）MapReduce

Hadoop生态系统中的MapReduce是一个编程模型以及一个实现该模型的软件框架，它极大地简化了大数据集（通常大于1 TB）的并行运算。MapReduce起源于Google在2004年发表的一篇论文，而Hadoop MapReduce则是该思想的一个开源实现。

MapReduce的核心思想是将大数据任务分解成多个小任务，通过Map（映射）和Reduce（归约）两个简单的函数进行并行处理。Map函数负责处理输入数据，将其映射成一组键值对，而Reduce函数则负责将具有相同键的键值对进行归约处理，输出最终结果。这种分而治之的策略使得MapReduce能够高效地处理大规模数据集。

MapReduce框架通常运行在Hadoop集群上，由多个组件协同工作以完成分布式计算任务。这些组件包括JobTracker（在Hadoop 2.x及以后版本中由ResourceManager和ApplicationMaster替代）、TaskTracker（由NodeManager替代）、MapTask和ReduceTask等。JobTracker负责资源管理和任务调度，而TaskTracker则负责执行具体的MapTask和ReduceTask。

（1）MapReduce的工作流程。

输入数据分割：MapReduce首先会将输入数据分割成多个数据块（split），每个数据块由一个MapTask处理。数据块的分割大小通常与HDFS的数据块大小相同。

Map阶段：每个MapTask会读取一个数据块，并将其中的数据处理成键值对的形式。然后，MapTask会将这些键值对输出到本地磁盘上，并等待ReduceTask来拉取。

Shuffle阶段：Shuffle阶段是一个中间过程，它负责将MapTask的输出数据按照键进行排序和分组，并将相同键的数据发送到同一个ReduceTask上。这个过程涉及网络传输和磁盘I/O操作，是MapReduce性能优化的关键之一。

Reduce阶段：每个ReduceTask会接收来自多个MapTask的相同键的数据，并对这些数据进行归约处理。最终，ReduceTask会将处理结果输出到HDFS上。

（2）MapReduce的优缺点。

①优点：

易于编程：用户只需编写Map和Reduce两个函数即可实现复杂的分布式计算任务。

良好的扩展性：当计算资源不足时，可以通过简单地增加节点来扩展计算能力。

高容错性：MapReduce能够自动处理节点故障，并将失败的任务重新分配到其他节点上执行。

适合大规模数据处理：MapReduce特别适用于处理TB、PB级别的大规模数据集。

②缺点：

不擅长实时计算：MapReduce的批处理特性使得它无法像实时计算框架那样快速响应数据变化。

不擅长流式计算：MapReduce的输入数据集是静态的，无法处理动态变化的流式数据。

性能瓶颈：在Shuffle阶段和Reduce阶段可能存在性能瓶颈，尤其是在处理大量数据时。

3）YARN

Hadoop生态系统中的YARN是一个通用资源管理系统，它为上层应用提供统一的资源管理和调度。YARN的设计初衷是解决Hadoop 1.x版本中MapReduce框架在资源管理和扩展性方面的不足，通过引入更加灵活和强大的资源管理机制，提高了Hadoop集群的利用率、资源统一管理和数据共享能力。

（1）YARN的基本架构。YARN采用主从（Master/Slave）架构，主要由以下几个组件构成：

①ResourceManager（RM）：YARN中的主节点，负责整个集群的资源管理和分配。它接收来自客户端的资源请求，并根据集群的资源状况和作业需求进行资源调度。RM主要由两个组件构成：调度器（scheduler）和应用程序管理器（applications manager，ASM）。调度器负责根据队列与容量的限制条件给要运行的程序分配资源，分配的资源单位为Container（容器），每个任务只能够使用自己对应Container中描述的资源。应用程序管理器则负责整个系统中所有应用程序的管理，包括应用程序的提交、与调度器协商资源以启动ApplicationMaster等。

②NodeManager（NM）：YARN中的从节点，负责管理当前节点上的资源，执行处理各种具体的命令，并监视节点资源情况，然后上报给ResourceManager。NM会定时向RM汇报自己各个资源的使用情况以及各个Container的运行状态，同时接收ApplicationMaster的请求，为任务设置好运行环境，并执行任务。

③ApplicationMaster（AM）：YARN中每个应用程序的代理，负责向ResourceManager协调资源，并与NodeManager协同完成任务的执行与监控。AM首先向RM注册，这样用户就可以直接通过RM来查看程序的运行状态。AM还负责向RM申请资源，并与NM进行通信要求启动任务。在任务执行期间，AM通过RPC通信协议来接收各个任务的状态汇报，以便随时掌握任务的状态，并在任务运行失败时重新启动任务。

④Container：YARN中的一个动态资源分配的概念，它封装了某个节点上各个维度的资源（如内存、CPU等），是YARN中资源调度的基本单位。每个任务只能够使用分配给自己的Container所描述的资源。

（2）YARN的工作原理。YARN的工作流程可以概括为以下几个步骤：

①客户端提交应用程序：用户通过YARN客户端向集群提交应用程序。

②资源请求与分配：ResourceManager接收到客户端的请求后，会与NodeManager通信，根据集群的资源状况和作业需求，为应用程序分配必要的资源（即Container）。

③启动ApplicationMaster：ResourceManager将分配的第一个Container的资源信息返回给客户端，客户端在这个Container中启动ApplicationMaster。

④ApplicationMaster注册与资源请求：ApplicationMaster启动后，会向ResourceManager注册，并通过RPC通信协议向ResourceManager申请更多的资源以启动任务。

⑤任务执行与监控：ResourceManager根据ApplicationMaster的请求，为任务分配资源，并通知NodeManager启动任务。任务执行期间，ApplicationMaster通过RPC通信协议接收各个任务的状态汇报，并监控任务的执行情况。

⑥任务完成与资源释放：当任务执行完成后，ApplicationMaster会向ResourceManager注销其容器，并释放占用的资源。整个执行周期就完成了。

（3）YARN的优点。YARN的设计为Hadoop集群带来了许多优点，主要包括：

①资源管理的灵活性和高效性：YARN通过引入全局的ResourceManager和针对应用程序的ApplicationMaster，实现了资源管理和作业调度的分离，提高了资源管理的灵活性和高效性。

②多框架支持：YARN作为一个通用的资源管理框架，支持多种应用程序框架（如MapReduce、Apache Spark、Apache Flink等），使得Hadoop集群能够同时运行不同类型的应用程序。

③弹性扩展和收缩：YARN支持动态添加和释放节点，实现集群的弹性扩展和收缩，以应对不同负载和需求。

④集群监控和故障恢复：YARN提供了对集群资源的监控和管理功能，能够实时监控节点的状态和资源使用情况，并能够对节点故障进行快速恢复。

4）Hive

Hive是建立在Hadoop之上的数据仓库基础构架，它能够将结构化的数据文件映射为数据库表，并允许用户通过类SQL的查询语言（HiveQL）来进行数据查询和分析。Hive的这种设计使得熟悉SQL的用户能够轻松地处理和分析存储在Hadoop中的大规模数据，而无须深入了解Hadoop的底层细节。

Hive的架构主要由三部分组成：客户端、元数据存储和执行引擎。客户端负责接收用户提交的HiveQL查询语句，并将其转换为任务的形式发送给执行引擎。元数据存储则存储了Hive中表和分区的元数据信息，如表名、列数、列类型、数据所在位置和文件格式等。执行引擎则负责接收客户端传来的任务，将其转换为MapReduce任务或Tez DAG任务，并提交到Hadoop集群上运行。当任务完成后，执行引擎还会将结果返回给客户端。

Hive的优点在于其方便易用、兼容性好和可扩展性强。Hive支持类SQL等高级语言，相对于编写MapReduce任务，可以更简单快速地处理大数据。同时，Hive可以和各种不同格式的数据进行交互，如文本、CSV、JSON、Avro、Parquet等，也可以和各种不同的存储系统进行配合，如HDFS、HBase、Amazon S3等。此外，Hive采用了MapReduce和Tez引擎架构，能够很好地支持海量数据的处理，同时还支持使用外部扩展包括UDF、UDAF、UDTF等扩展代码库。

Hive的使用场景主要包括大数据集的批处理作业，如网络日志分析、海量结构化数据离线分析等。由于Hive的执行延迟比较高，它更适用于对实时性要求不高的数据分析场景。Hive的优势在于其能够处理大规模数据集，并通过类SQL的查询语言提供快速开发的能力，同时避免了编写复杂的MapReduce程序。

5）HBase

HBase是一个开源的、非关系型、分布式数据库，用于在大规模的数据集上进行高效的随机读写操作。它基于Google的Bigtable论文实现，利用HDFS作为其底层存储系统，能够在分布式环境中提供强一致性和实时读写访问。HBase的数据模型是一个多维度的稀疏表，由行键（row key）、列族（column family）、列限定符（column qualifier）和时间戳（timestamp）组成，这种设计使得数据按列族进行组织，便于高效存储和检索，同时支持稀疏数据存储，对于空值不占用存储空间。

在HBase的架构中，HMaster是管理HBase集群的主服务器，负责分配RegionServer、管理元数据表（META表）以及协调负载均衡和故障恢复。RegionServer则处理对数据表的读写请求，并管理存储在HDFS上的数据。每个RegionServer负责一个或多个Region的管理，而Region则是HBase中表的基本存储单元，每个表会被拆分成多个Region，每个Region存储一定范围的行数据。随着数据量的增加，Region会进行拆分以维持系统的性能和扩展性。此外，Zookeeper在HBase集群中扮演着协调者的角色，提供分布式同步和故障恢复服务。

HBase的数据存储和访问主要依赖于其底层的HDFS系统。数据通过写操作（put）存储到HBase中，并且写操作首先写入内存中的MemStore。当MemStore的数据量达到一定阈值时，数据会被刷写（flush）到HDFS上的HFile中。同时，所有写操作还会被记录到WAL（write-ahead log）中，以确保数据的持久性和可靠性。读操作（get/scan）则首先查找MemStore中的数据，然后查找BlockCache（缓存中的HFile块），最后在HDFS上的HFile中查找数据。这种设计使得HBase的写操作通常是快速且高效的，而读操作则利用了缓存和HFile索引，以确保高效的数据检索。

HBase的适用场景非常广泛，包括但不限于需要快速随机读写操作的应用，如实时数据查询和更新；作为大数据分析平台的基础存储系统，与Hadoop生态系统中的其他组件（如MapReduce、Hive等）集成，进行复杂的数据分析和处理；以及需要处理大量数据的应用，如物联网（IoT）数据处理和日志分析系统。通过HBase的高扩展性和高可用性，可以处理海量的传感器数据和日志数据，实现实时的数据处理和分析。

6）ZooKeeper

Hadoop生态系统中的ZooKeeper是一个开源的分布式应用程序协调服务，它源自Apache Hadoop项目，是该生态系统中不可或缺的重要组件。ZooKeeper为分布式应用提供了一致性服务，其功能和作用主要体现在以下几个方面：

（1）分布式协调服务。ZooKeeper的核心功能是为分布式系统提供协调服务。它通过维护一个具有层次关系的数据结构（类似于文件系统），允许分布式应用存储和获取数据，从而实现跨多个服务实例的协调。这种协调服务对于确保分布式系统的一致性和可靠性至关重要。

（2）配置管理。在分布式系统中，配置管理是一个常见的挑战。ZooKeeper可以用作配置中心，允许应用程序将配置信息存储在ZooKeeper的节点（ZNode）中。通过监听机制，应用程序可以实时获取配置的变化，从而实现配置的动态加载和更新。这种方式避免了传统配置管理方式中需要重启或重新加载应用程序的烦琐过程。

（3）命名服务。ZooKeeper还可以用作分布式系统中的命名服务。在分布式环境中，经常需要对服务或组件进行统一命名，以便于识别和访问。ZooKeeper通过提供一个层次化的命名空间，允许应用程序将节点路径作为命名空间，将节点作为命名实体。其他应用程序可以通过节点路径来访问和识别这些命名实体，从而简化分布式系统中的通信和协调。

（4）分布式锁和队列。ZooKeeper提供了分布式锁的机制，用于协调分布式系统中的并发访问。通过创建临时节点，应用程序可以实现分布式锁，确保资源的互斥访问。此外，ZooKeeper还可以用来实现分布式队列，通过创建特定的节点结构，允许各个节点按照一定顺序加入或离开队列，从而实现消息传递和一致性。

（5）高可用性和容错性。ZooKeeper的设计充分考虑了高可用性和容错性。它采用集群模式运行，通过选举机制选出一个领导者（leader）来处理数据更新等操作。如果领导者崩溃或失去大多数跟随者（follower）的支持，ZooKeeper将自动进入恢复模式，重新选举一个新的领导者。这种机制确保了ZooKeeper服务的连续性和稳定性。

（6）丰富的客户端支持。ZooKeeper提供了丰富的客户端支持，包括Java、C等编程语言的接口。此外，还有多个第三方库（如Curator）简化了ZooKeeper客户端的使用，使得开发者可以更方便地在自己的应用程序中集成ZooKeeper服务。

7）Sqoop

Sqoop是Hadoop生态系统中的一个重要工具，它主要用于在Hadoop（特别是Hive）与传统的关系型数据库（如MySQL、Oracle、PostgreSQL等）之间进行高效的数据传递。Sqoop项目始于2009年，最初作为Hadoop的一个第三方模块存在，后来为了更好地满足用户需求并促进快速迭代开发，Sqoop独立成为Apache的一个开源项目。

（1）Sqoop的核心功能。Sqoop的核心功能可以概括为两个方面：数据导入和数据导出。

数据导入：Sqoop能够将关系型数据库中的数据导入到Hadoop的HDFS、Hive、HBase等数据存储系统中。这对于将传统数据库中的大量数据迁移到Hadoop生态系统中进行进一步处理和分析具有重要意义。

数据导出：Sqoop也支持将Hadoop文件系统中的数据导出至关系型数据库。这使得经过Hadoop处理后的数据可以重新被传统的数据库系统所利用，便于数据的整合和共享。

（2）Sqoop的工作原理。Sqoop本质上是一个命令行工具，它通过将导入或导出命令翻译成MapReduce程序来实现数据的传递。在MapReduce程序中，Sqoop主要对InputFormat和OutputFormat进行定制，以适应不同数据源和目标系统之间的数据格式和协议差异。通过这种方式，Sqoop能够充分利用Hadoop的并行化和容错性特性，实现高效的数据迁移。

（3）Sqoop的应用场景。Sqoop在大数据处理和分析领域具有广泛的应用场景。例如，在数据仓库和数据湖的建设中，Sqoop可以帮助用户将多个数据源的数据整合到Hadoop生态系统中，以便进行统一的数据管理和分析。同时，Sqoop也支持数据的增量导入和导出，这对于需要实时更新数据的应用场景尤为重要。

8）Pig

Pig（基于Hadoop的数据流系统）是一个用于并行计算的高级数据流语言和执行框架，它是构建在Hadoop之上的数据仓库，定义了一种数据流语言——PigLatin。Pig数据处理语言是以数据流的方式完成排序、过滤、求和、关联等操作的。

9）Mahout

Mahout（数据挖掘算法库）是机器学习和数据挖掘的库，它实现了三大算法，即推荐、聚类、分类。

10）Flume

Flume（日志收集工具）是Cloudera开源的日志收集系统，它具有分布式、高可靠、高容错、易于定制和扩展的特点，是基于流式数据流的简单而灵活的架构。它具有可靠的可靠性机制及许多故障转移和恢复机制，具有强大的容错能力。

11）Oozie

Oozie（作业流调度系统）是一个用于管理Apache Hadoop作业的工作流调度程序系统，能够提供对Hadoop MapReduce和PigJobs的任务调度与协调。Oozie工作流是放置在控制依赖DAG（directed acyclic graph，有向无环图）中的一组动作，需要部署到Java Servlet容器中运行。

2.1.3　Hadoop的安装部署方式

Hadoop的安装部署模式有以下三种。

1. 单机部署

Hadoop的默认模式，即非分布式模式（本地模式），没有守护进程，不分主从节点，这种部署方式非常少用。

2. 伪分布式部署

主从节点都在一台主机上，可用在本机模拟一个主节点、一个从节点的集群。本项目以伪分布式部署模式进行Hadoop搭建。

3. 完全分布式集群部署

有多个节点，主从进程分别在不同的机器上运行。后续项目会详细介绍Hadoop完全分布式集群搭建的过程。

2.1.4　Hadoop各版本选择

1. Hadoop 1.0

2011年，Hadoop 1.0问世，由HDFS和MapReduce组成。其中，HDFS由一个NameNode和多个DateNode组成，MapReduce由一个JobTracker和多个TaskTracker组成。

在实际的使用过程中，Hadoop 1.×逐渐暴露出以下问题。

（1）主节点故障问题。HDFS和MapReduce都是主从结构，它们的主节点都是单节点结构，一旦主节点出现问题，将导致集群瘫痪。

（2）注销速度问题。MapReduce的主节点JobTracker完成太多任务，当MapReduce任务非常多时，造成非常大的内存开销。

（3）服务器利用率不高。MapReduce主要分为两个阶段：一个是Map，另一个是Reduce。在MapReduce执行时，大部分Reduce任务需要等待Map任务完成计算后才能开始。

（4）存储文件格式单一问题。HDFS是基于块的存储系统，整个存储只有这一个格式，而企业的数据是多种多样的，存储起来不但麻烦还造成资源的浪费。

MapReduce 1.0采用Master/Worker主从架构。用于执行MapReduce任务的机器角色有两个，即JobTracker和TaskTracker。它的编程模型是将任务分为Map和Reduce两个阶段。它的数据处理引擎由MapTask和ReduceTask组成，分别负责Map阶段逻辑和Reduce阶段逻辑的处理。MapReduce 1.0的运行时环境有一个主节点的JobTracker和若干个从节点的TaskTracker两类服务组。该框架在扩展性、容错性和多框架支持等方面存在不足，这也促使了MapReduce 2.0的产生。

HDFS 1.0架构由3个组件构成，即NameNode、DataNode和Secondary NameNode。HDFS 1.0架构如图2-3所示。HDFS 1.0架构中的关键字见表2-1。

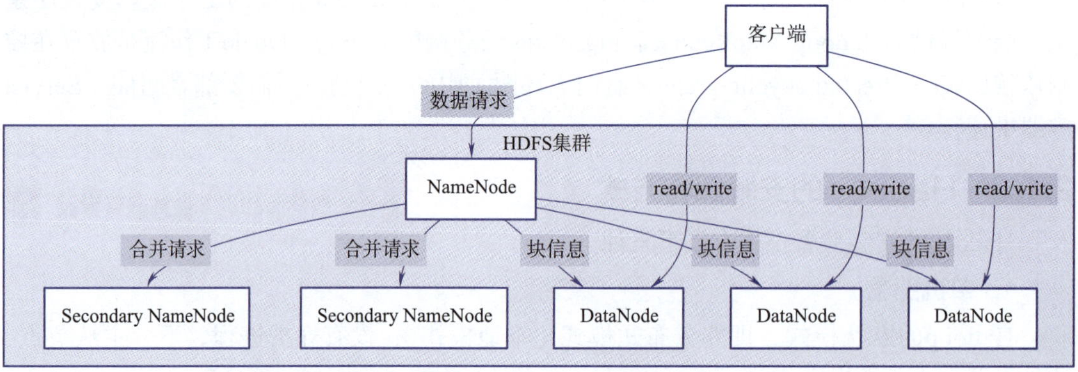

图2-3 HDFS 1.0架构

表2-1 HDFS 1.0架构中的关键字

关　键　字	含　　义
NameNode	名称节点，管理文件系统命名空间的主服务器
DataNode	数据节点，存储文件块
Replication	文件块的副本，目的是确保数据存储的可靠性
Rack	翻译为机架，可以理解为两个处于不同地方的机群，每个机群内部有自己的连接方式
Client	通过指令或代码操作的一端都是客户端
Client的Read	从HDFS下载文件到本地
Client的Write	上传文件到HDFS上

2. Hadoop 2.0

2013年，Hadoop 2.0问世，Hadoop 2.0是为了解决Hadoop 1.0中出现的问题而提出的，内核主要由HDFS、MapReduce和YARN这三个系统组成。

Hadoop 2.0针对Hadoop 1.0中HDFS主节点故障问题，提出了HDFS Federation，兼容多个NameNode，让多个NameNode分管不同的目录来进行访问的隔离和节点的横向扩展，这样就解决了HDFS单节点问题；针对MapReduce主节点故障和框架支持问题，先将MapReduce的功能分开，只保留数据处理，再将集群资源管理放到YARN中，诞生了全新的通用资源管理框架——YARN。

在MapReduce 2.0中，具有和MapReduce 1.0相同的编程模型和数据引擎处理，但是在运行时，环境上引入全新的资源管理框架YARN，MapReduce变成了一个纯粹的计算框架，不再负责管理。

YARN是Hadoop 2.0中的资源管理系统，负责资源管理和调度。它将JobTracker的资源管理和作业调度拆分成两个独立的进程，即ApplicationMaster和ResourceManager。

在Hadoop 2.×中对HDFS做了改进，可以使NameNode横向扩展成多个，每个NameNode分管部分目录，诞生了HDFS Federation。Hadoop问题优化详情见表2-2。

表2-2 Hadoop问题优化详情

组 件	Hadoop 1.0的问题	Hadoop 2.0的改进
HDFS	单一名称节点，存在单点失效问题	设计了HDFS HA，提供名称节点热备机制
HDFS	单一命名空间，无法实现资源隔离	设计了HDFS Federation，管理多个命名空间
MapReduce	资源管理效率低	设计了新的资源管理框架YARN

3. Hadoop 3.0

2016年，Hadoop 3.0问世，Hadoop 3.0中引入了一些重要的功能和优化，包括HDFS可擦除编码、多NameNode支持、MR Native Task优化、YARN基于cgroup的内存和磁盘I/O隔离、YARN container resizing等。

Hadoop 3.0的新特性如下。

（1）Java版本升级。Hadoop 3.0要求Java版本不低于1.8，以往的Java版本不再支持。Hadoop各版本和JDK的对应关系见表2-3。

表2-3 Hadoop各版本和JDK的对应关系

Hadoop版本	JDK 1.6	JDK 1.7	JDK 1.8
Hadoop 1.×	支持	不支持	不支持
Hadoop 2.×	支持	支持	支持
Hadoop 3.×	不支持	不支持	支持

（2）部分服务默认端口修改。在以往版本中，多个Hadoop服务的默认端口在Linux临时端口范围内（32 768~61 000）。这意味着在启动时，服务有时会由于与另一个应用程序冲突而无法绑定到端口。Hadoop 2.0和Hadoop 3.0默认端口比较见表2-4。

表2-4　Hadoop 2.0和Hadoop 3.0默认端口比较

分　类	应　用	Haddop 2.×版本	Haddop 3.×版本
NN ports	NameNode	8020/9000	9820
	NN HTTPUI	50070	9870
	NN HTTPS UI	50470	9871
SNN ports	SNN HTTP	50091	9869
	SNN HTTPUI	50090	9868
DN ports	DN IPC	50020	9867
	DN	50010	9866
	DN HTTPUI	50075	9864
	DN HTTPS UI	50475	9865

（3）HDFS支持纠删码。纠删码是一种持久存储数据的方法，与复制相比，它可显著地节省空间。与标准HDFS复制的3倍开销相比，像Reed-Solomon（10, 4）这样的标准编码具有1.4倍的空间开销。

（4）YARN时间线服务v.2。Hadoop 3.0引入YARN Timeline Service v.2是为了解决两个主要问题：提高Timeline Service的可扩展性和可靠性，以及通过引入流和聚合来增强可用性。

（5）Shell脚本重写。Hadoop的Shell脚本被重写，修补了许多长期存在的Bug，并增加了一些新的特性。

（6）重构Hadoop Client Jar包。Hadoop 2.×版本中可用的hadoop-client Maven工件将Hadoop的传递依赖项拉到Hadoop应用程序的类路径上。如果这些传递依赖的版本与应用程序使用的版本冲突，这可能会出现问题。Hadoop 3.×版本中也添加了新的hadoop-client-api和hadoop-client-runtime工件，将Hadoop的依赖项隐藏到单个jar中。这避免了将Hadoop的依赖项泄漏到应用程序的类路径上。

（7）MapReduce任务级原生优化。对Map阶段的输出收集器增加了本地实现，对于洗牌密集型工作，可以提高30%以上的性能。

（8）在HDFS中支持两个或两个以上的NameNode。HDFS NameNode高可用性的初始实现是由单个活动NameNode 和单个备用NameNode 来完成的。通过将编辑日志复制到规定数量为3个的JournalNode，该架构能够容忍系统中除NameNode外任何一个 JournalNode节点的故障。

但是，某些部署需要更高程度的容错。这是由这个新功能启用的，它允许用户运行多个备用NameNode。例如，通过配置3个NameNode和5个JournalNode，集群能够容忍两个节点而不是一个节点的故障。

（9）支持与Microsoft Azure Data Lake和Aliyun对象存储系统进行集成。Hadoop现在支持与Microsoft Azure Data Lake和Aliyun对象存储系统的集成，替代Hadoop兼容的文件系统。

（10）DataNode内的平衡器。单个DataNode管理多个磁盘。在正常写入操作期间，磁盘将被均匀填充。但是，添加或替换磁盘可能会导致DataNode内数据的严重偏斜。旧的HDFS平衡器不能处理，旧的HDFS平衡器处理DataNode之间而非内部的数据偏斜。

（11）重新设计的守护进程和任务堆管理。对Hadoop守护进程和MapReduce任务的堆管理进行了一系列更改。现在可以根据主机的内存大小进行自动调整，并且不推荐使用HADOOP_HEAPSIZE变量。简化了Map和Reduce任务堆空间的配置，在任务中不再需要以Java选项的方式进行指定。

（12）S3Guard：S3A文件系统客户端的一致性和元数据缓存。向AmazonS3存储的S3A客户端添加了一项可选功能，即能够使用DynamoDB表作为文件和目录元数据的快速且一致的存储。

（13）基于HDFS路由器的联合。HDFS基于路由器的联邦添加了一个RPC（remote procedure call，远程过程调用）路由层，该层提供多个HDFS命名空间的联合视图。这与现有的ViewFs和HDFS联合功能类似，不同之处在于安装表由路由层而不是客户端在服务器端进行管理，简化了现有HDFS客户端对联邦群集的访问。

（14）基于API的Capacity Scheduler队列配置。容量调度程序OrgQueue提供了REST API来更改配置，用户可以调用该API来修改队列配置。这使管理员可以在队列的管理队列ACL（access control list，访问控制列表）中实现队列配置管理的自动化。

（15）YARN资源类型。YARN资源类型是一种支持用户定义的可数资源类型，可用资源不限于CPU和内存等。例如，集群管理员可以定义GPU、软件许可证或本地附加存储等资源，然后可以根据这些资源的可用性来安排YARN任务。

视频

Hadoop平台配置、安装、启动与监控指南

任务二　配置Hadoop集群基础环境

2.2.1 Hadoop集群概述

Hadoop的伪分布式模式，是指在一个节点（即一台主机或服务器）上安装、部署HDFS和MapReduce+YARN。实际上，伪分布式模式可以看作是单节点的完全分布式模式。Hadoop伪分布式部署环境基础见表2-5。

表2-5　Hadoop伪分布式部署环境基础

编　号	软件名称	版 本 号
1	操作系统	CentOS 7
2	主机名称	localhost
3	JDK	1.8
4	Hadoop	3.1.1

【小提示】相对路径与绝对路径。

请务必注意命令中的相对路径与绝对路径，本文后续出现的./bin/和./etc/等包含./的路

径，均为相对路径。以/usr/local/hadoop为当前目录，如在/usr/local/hadoop目录中执行./bin/hadoop version等同于执行/usr/local/hadoop/bin/hadoop version。可以将相对路径改为绝对路径来执行，但如果是在主文件夹中执行./bin/hadoop version，则执行的会是/home/hadoop/bin/hadoop version，这就不是我们想要的了。

2.2.2 平台系统环境配置

1. 防火墙配置

CentOS 7使用firewalld命令来操作防火墙，防火墙常用命令见表2-6。在Hadoop伪分布式搭建中，一般选在局域网中进行搭建，没有安全性考虑，因此关闭防火墙一般也不会存在安全隐患。

表2-6 防火墙常用命令

命　令	解　释
systemctl enable firewalld.service	设置开机启用防火墙
systemctl disable firewalld.service	设置开机禁用防火墙
systemctl start firewalld	启动防火墙
systemctl stop firewalld	关闭防火墙
systemctl status firewalld	检查防火墙状态

关闭防火墙，命令如下：

```
#查看防火墙状态
[root@master ~]# systemctl status firewalld.service        #查看防火墙状态
● firewalld.service - firewalld - dynamic firewall daemon
   Loaded: loaded (/usr/lib/systemd/system/firewalld.service; enabled; vendor preset: enabled)
   Active: active (running) since五2024-08-02 14:51:07 CST; 2min 0s ago
     Docs: man:firewalld(1)
 Main PID: 656 (firewalld)
   CGroup: /system.slice/firewalld.service
           └─656 /usr/bin/python -Es /usr/sbin/firewalld --nofork --nopid
8月02 14:51:07 master systemd[1]: Starting firewalld - dynamic firewall daemon...
8月02 14:51:07 master systemd[1]: Started firewalld - dynamic firewall daemon.
8月02 14:51:07 master firewalld[656]: WARNING: ICMP type 'beyond-scope' is no...6.
8月02 14:51:07 master firewalld[656]: WARNING: beyond-scope: INVALID_ICMPTYPE...e.
8月02 14:51:07 master firewalld[656]: WARNING: ICMP type 'failed-policy' is n...6.
8月02 14:51:07 master firewalld[656]: WARNING: failed-policy: INVALID_ICMPTYP...e.
8月02 14:51:07 master firewalld[656]: WARNING: ICMP type 'reject-route' is no...6.
```

```
8月02 14:51:07 master firewalld[656]: WARNING: reject-route: INVALID_
ICMPTYPE...e.
Hint: Some lines were ellipsized, use -l to show in full.
[root@master ~]# systemctl stop firewalld.service         #关闭防火墙
[root@master ~]# systemctl disable firewalld.service      #禁止防火墙开机启动
Removed symlink /etc/systemd/system/multi-user.target.wants/firewalld.service.
Removed symlink /etc/systemd/system/dbus-org.fedoraproject.FirewallD1.
service.
```

2. SELinux配置

SELinux是安全增强型Linux（security-enhanced Linux）的简称，它是一个Linux内核模块，也是Linux的一个安全子系统。为了避免在安装过程中出现各种错误，建议关闭此配置。

关闭SELinux，命令如下：

```
[root@master~]# /usr/sbin/sestatus -v
SELinux status:                 enabled
SELinuxfs mount:                /sys/fs/selinux
SELinux root directory:         /etc/selinux
Loaded policy name:             targeted
Current mode:                   enforcing
Mode from config file:          enforcing
Policy MLS status:              enabled
Policy deny_unknown status:     allowed
Max kernel policy version:      28
Process contexts:
Current context:unconfined_u:unconfined_r:unconfined_t:s0-s0:c0.c1023
Init context:   system_u:system_r:init_t:s0
/usr/sbin/sshd  system_u:system_r:sshd_t:s0-s0:c0.c1023
File contexts:
Controlling terminal:  unconfined_u:object_r:user_devpts_t:s0
/etc/passwd     system_u:object_r:passwd_file_t:s0
/etc/shadow     system_u:object_r:shadow_t:s0
/bin/bash       system_u:object_r:shell_exec_t:s0
/bin/login      system_u:object_r:login_exec_t:s0
/bin/sh         system_u:object_r:bin_t:s0 -> system_u:object_r:shell_exec_t:s0
/sbin/agetty    system_u:object_r:getty_exec_t:s0
/sbin/init      system_u:object_r:bin_t:s0 -> system_u:object_r:init_exec_t:s0
/usr/sbin/sshd  system_u:object_r:sshd_exec_t:s0
#临时关闭SELinux
[root@master ~]#setenforce 0
```

3. 主机名配置

（1）临时修改主机名，重启网卡服务会自动还原，命令如下：

```
[root@master ~]# hostname master
```

（2）永久修改主机名，修改/etc/hostname文件，命令如下：

```
[root@master ~]# vim /etc/hostname
master
```

（3）配置主机名和IP地址的映射，命令如下：

```
#配置主机名与IP地址的映射，在文件末尾添加主机名与IP之间的映射关系
[root@master ~]# vim /etc/hosts
127.0.0.1   localhost localhost.localdomain localhost4 localhost4.localdomain4
::1         localhost localhost.localdomain localhost6 localhost6.localdomain6
192.168.131.138 master
```

4. SSH免密登录配置

不管是Hadoop的伪分布还是全分布，Hadoop的名称节点（NameNode）都需要启动集群中所有机器的Hadoop守护进程，而这个过程可以通过SSH（Secure Shell，安全外壳）登录来实现。由于Hadoop并没有提供SSH输入密码登录的形式，所以为了能够顺利登录每台机器，就需要对其进行SSH的免密登录配置。

免密登录的原理（serverA到serverB）如下：

（1）首先在serverA上生成一对密钥（ssh-keygen）。

（2）将公钥复制到serverB，重命名为authorized_keys。

（3）serverA向serverB发送一个连接请求，信息包括用户名、IP。

（4）serverB接收到请求，会从authorized_keys中查找是否有相同的用户名、IP，如果有则serverB会随机生成一个字符串。

（5）使用公钥进行加密，再发送到serverA。

（6）serverA接收到serverB发来的信息后，会使用私钥进行解密，然后将解密后的字符串发送给serverB。

（7）serverB接收到serverA发来的信息后，会与先前生成的字符串进行比对，如果一致，则允许免密登录。

配置SSH免密登录，命令如下：

```
#生成密钥，输入后按照提示按Enter键，直到完成命令
[root@master ~]# ssh-keygen -t rsa
Generating public/private rsa key pair.
Enter file in which to save the key (/root/.ssh/id_rsa):
Created directory '/root/.ssh'.
Enter passphrase (empty for no passphrase):
Enter same passphrase again:
Your identification has been saved in /root/.ssh/id_rsa.
Your public key has been saved in /root/.ssh/id_rsa.pub.
The key fingerprint is:
SHA256:x75ZQrYJAdyEwo9Zs17YSUy+VrHM5ZlzsELiX5uxAG0 root@master
The key's randomart image is:
+---[RSA 2048]----+
|   . ..*=.o o    |
|    o =++*E= =   |
|     * *+oB O .  |
|    o + +* + B   |
|     . .S * +    |
|      .. * o     |
|          = .    |
```

```
|            =      |
|          o        |
+----[SHA256]-----+
#将本地SSH公钥复制到远程服务器
[root@master ~]# ssh-copy-id master
/usr/bin/ssh-copy-id: INFO: Source of key(s) to be installed: "/root/.ssh/id_rsa.pub"
The authenticity of host 'master (192.168.131.138)' can't be established.
ECDSA key fingerprint is SHA256:seo3W1XKHNY21FcGyr6NmxJnbp2/pmJDOrxrr4o/JtQ.
ECDSA key fingerprint is MD5:16:14:25:70:5b:f3:5b:08:d6:f6:af:61:0a:9b:fd:6a.
Are you sure you want to continue connecting (yes/no)? yes      #输入yes
/usr/bin/ssh-copy-id: INFO: attempting to log in with the new key(s), to filter out any that are already installed
/usr/bin/ssh-copy-id: INFO: 1 key(s) remain to be installed -- if you are prompted now it is to install the new keys
root@master's password:               #输入root用户的密码，输入密码过程中不显示
Number of key(s) added: 1
Now try logging into the machine, with:   "ssh 'master'"
and check to make sure that only the key(s) you wanted were added.
#验证免密登录，可以正常进入，无须输入密码视为配置成功
[root@master ~]# ssh master
Last login: Fri Aug  2 14:52:51 2024 from 192.168.131.1
[root@master ~]# exit
退出登录
Connection to master closed.
```

5. JDK 1.8配置

Hadoop是基于Java语言开发的，使用Java首先要安装JDK（Java development kit），即Java开发工具，安装完JDK还需要配置环境变量（PATH、CLASSPATH、JAVA_HOME）。

在Linux操作系统中配置环境变量时，是在/etc/profile文件中进行配置的，添加JAVA_HOME（JDK安装目录，yum默认安装在/usr/local/jdk）和path，路径使用source命令使环境变量生效。

Hadoop 2.7.1支持的版本为JDK 1.8以上。

安装配置JDK 1.8，命令如下：

```
#检查JDK是否安装
[root@master ~]# java -version
-bash: java:未找到命令
#上传已下载好的JKD压缩包上传到/data目录下
[root@master ~]# cd /data
#解压JDK压缩包
[root@master data]# tar -zxvf /data/jdk-8u152-linux-x64.tar.gz -C /usr/local/src
#修改文件名称，方便填写
[root@master data]# mv /usr/local/src/jdk1.8.0_152/ /usr/local/src/java
#设置环境变量，添加2行内容
[root@master data]# vim /etc/profile
#java
export JAVA_HOME=/usr/local/src/java
```

```
export PATH=$PATH:$JAVA_HOME/bin
#使配置的环境变量生效
[root@master data]# source /etc/profile
[root@master data]# java   -version
java version "1.8.0_152"
Java(TM) SE Runtime Environment (build 1.8.0_152-b16)
Java HotSpot(TM) 64-Bit Server VM (build 25.152-b16, mixed mode)
```

2.2.3 Hadoop的安装与配置

本书选择的是Hadoop 2.7.1版本，Hadoop 2可以通过Hadoop官网下载所需的版本，请下载hadoop-2.7.1.tar.gz格式文件，这种格式已经编译好，另一个包含src的则是Hadoop源代码，需要进行编译才可以使用。

使用tar -zxvf /data/hadoop-2.7.1.tar.gz -C /usr/local/src将Hadoop解压至指定目录。

配置系统环境变量：

```
[root@master ~]# vi /etc/profile
```

在文末追加环境变量：

```
export HADOOP_HOME=/usr/local/src/hadoop-2.7.1
export PATH=$PATH:$HADOOP_HOME/bin:$HADOOP_HOME/sbin
```

使用source /etc/profile激活配置文件：

```
[root@master ~]# source /etc/profile
```

Hadoop目录一共有7个，bin和sbin是可执行文件的目录，etc是配置文件目录，include、lib和libexec均是存放一些类库的目录，share是存放一些共享类库和jar包的目录。

```
[root@master hadoop]# ll -h
总用量28K
drwxr-xr-x. 2 10021 10021  194 6月 29 2015 bin
drwxr-xr-x. 3 10021 10021   20 6月 29 2015 etc
drwxr-xr-x. 2 10021 10021  106 6月 29 2015 include
drwxr-xr-x. 3 10021 10021   20 6月 29 2015 lib
drwxr-xr-x. 2 10021 10021  239 6月 29 2015 libexec
-rw-r--r--. 1 10021 10021  16K 6月 29 2015 LICENSE.txt
-rw-r--r--. 1 10021 10021  101 6月 29 2015 NOTICE.txt
-rw-r--r--. 1 10021 10021 1.4K 6月 29 2015 README.txt
drwxr-xr-x. 2 10021 10021 4.0K 6月 29 2015 sbin
drwxr-xr-x. 4 10021 10021   31 6月 29 2015 share
```

在安装Hadoop后，需要对Hadoop进行配置，这些配置文件存放在Hadoop目录下的./etc/hadoop文件夹中。

1. 配置hadoop-env.sh文件

配置Hadoop中的JAVA_HOME，Hadoop 2.7.1版本是在hadoop-env.sh配置文件的25行，可以用vim打开hadoop-env.sh文件，使用“:set number”命令显示行号，设置jdk环境变量：export JAVA_HOME=/usr/local/src/java。

2. 配置core-site.xml文件

默认情况下，Hadoop将数据保存在/tmp下，当格式化系统时，/tmp中的内容将被自动清空，所以我们需要制定自己的一个Hadoop的目录，用来存放数据。另外，需要配置Hadoop所使用的默认文件系统，以及Namenode进程所在的主机，命令如下：

```
<configuration>
    <property>
        <name>fs.defaultFS</name>
        <value>hdfs://master:9000</value>
    </property>
    <property>
        <name>hadoop.tmp.dir</name>
        <value>file:/usr/local/src/hadoop/tmp</value>
    </property>
</configuration>
```

【小提示】 各目录一定是非/tmp下的目录，否则默认是在/tmp中，如果在虚拟机环境操作，则每次重启后会删除/tmp中的文件；该文件在Hadoop启动时会自动创建。

3. 配置hdfs-site.xml文件

该文件指定与HDFS相关的配置信息，需要修改HDFS默认的块的副本属性，因为HDFS默认情况下每个数据块保存三个副本，而在伪分布式模式下运行时，由于只有一个数据节点，所以需要将副本个数改为1，否则Hadoop程序会报错。命令如下：

```
<configuration>
    <property>
        <name>dfs.namenode.name.dir</name>
        <value>file:/usr/local/src/hadoop/dfs/name</value>
    </property>
    <property>
        <name>dfs.datanode.data.dir</name>
        <value>file:/usr/local/src/hadoop/dfs/data</value>
    </property>
    <property>
        <name>dfs.replication</name>
        <value>1</value>
    </property>
</configuration>
```

4. 配置mapred-site.xml文件

该文件指定与mapreduce相关的配置信息，命令如下：

```
<configuration>
    <property>
        <name>mapreduce.framework.name</name>
        <value>yarn</value>
    </property>
    <property>
        <name>mapreduce.jobhistory.address</name>
```

```
        <value>master:10020</value>
    </property>
    <property>
        <name>mapreduce.jobhistory.webapp.address</name>
        <value>master:19888</value>
    </property>
</configuration>
```

5. 配置yarn-site.xml文件

命令如下：

```
<configuration>
    <property>
        <name>yarn.resourcemanager.address</name>
        <value>master:8032</value>
    </property>
    <property>
        <name>yarn.resourcemanager.scheduler.address</name>
        <value>master:8030</value>
    </property>
    <property>
        <name>yarn.resourcemanager.resource-tracker.address</name>
        <value>master:8031</value>
    </property>
    <property>
        <name>yarn.resourcemanager.admin.address</name>
        <value>master:8033</value>
    </property>
    <property>
        <name>yarn.resourcemanager.webapp.address</name>
        <value>master:8088</value>
    </property>
    <property>
        <name>yarn.nodemanager.aux-services</name>
        <value>mapreduce_shuffle</value>
    </property>
    <property>
        <name>yarn.nodemanager.aux-services.mapreduce.shuffle.class</name>
        <value>org.apache.hadoop.mapred.ShuffleHandler</value>
    </property>
</configuration>
```

6. HDFS格式化配置

首次启动前需要进行格式化。格式化的本质是进行文件系统的初始化操作，创建一些Hadoop自己所需要的文件。格式化之后且启动成功后，后续再也不需要进行格式化。格式化的操作在HDFS集群的主角色（NameNode）所在的机器上进行。

使用“hadoop namenode -format”命令格式化NameNode。

任务三　启动与访问Hadoop

2.3.1 Hadoop启动与停止的操作命令

Hadoop启动/停止操作命令见表2-7。

表2-7　Hadoop启动/停止操作命令

命　令	功　能
sbin/start-all.sh	启动所有的Hadoop守护进程，包括NameNode、SecondaryNameNode、DataNode、ResourceManager、NodeManager
sbin/stop-all.sh	停止所有的Hadoop守护进程，包括NameNode、SecondaryNameNode、DataNode、ResourceManager、NodeManager
sbin/start-dfs.sh	启动Hadoop HDFS守护进程NameNode、SecondaryNameNode、DataNode
sbin/stop-dfs.sh	停止Hadoop HDFS守护进程NameNode、SecondaryNameNode、DataNode
sbin/hadoop-daemons.sh start namenode	单独启动NameNode守护进程
sbin/hadoop-daemons.sh stop namenode	单独停止NameNode守护进程
sbin/hadoop-daemons.sh start datanode	单独启动DataNode守护进程
sbin/hadoop-daemons.sh stop datanode	单独停止DataNode守护进程
sbin/hadoop-daemons.sh start secondarynamenode	单独启动SecondaryNameNode守护进程
sbin/hadoop-daemons.sh stop secondarynamenode	单独停止SecondaryNameNode守护进程
sbin/start-yarn.sh	启动ResourceManager、NodeManager
sbin/stop-yarn.sh	停止ResourceManager、NodeManager
sbin/yarn-daemon.sh start resourcemanager	单独启动ResourceManager
sbin/yarn-daemons.sh start nodemanager	单独启动NodeManager
sbin/yarn-daemon.sh stop resourcemanager	单独停止ResourceManager
sbin/yarn-daemons.sh stopnodemanager	单独停止NodeManager

Hadoop在格式化成功以后，接着开启NameNode和DataNode守护进程，在Hadoop目录下通过“./sbin/start-dfs.sh”命令启动。

若出现如下SSH的提示“Are you sure you want to continue connecting”，则输入“yes”即可。

启动完成后，可以通过命令“jps”来判断是否启动成功，若成功则会列出如下进程：NameNode、DataNode、NodeManager、ResourceManager和SecondaryNameNode（如果SecondaryNameNode没有启动，则运行“sbin/stop-dfs.sh”关闭进程，然后再次尝试启动）。如果没有NameNode或DataNod，就是配置不成功，请仔细检查之前的操作步骤，或通过查看启动日志排查原因。

通过查看启动日志分析启动失败的原因。

（1）启动时会提示“localhost:starting namenode,logging to /usr/localhadoop/logs/hadoop-hadoop-namenode-dblab.out”，其中localhost对应主机名，但启动的日志信息记录在/usr/local/hadoop/logs/hadoop-hadoop-namenode-dblab.log中，所以应查看扩展名为.log的文件。

（2）每一次的启动日志都是追加在日志文件之后，所以需要到最后进行查看，查看记录的时间即可。

（3）一般出错提示会在最后，也就是写着Fatal、Error或Java Exception的位置。

（4）可以在网上搜索出错的信息，看能否找到一些相关的解决方法。

2.3.2 基于Web UI监控Hadoop平台

当Hadoop成功启动并通过jps可以看到指定进程后，可以访问Web界面来查看HDFS和MapReduce的相关信息。

HDFS监控页面如图2-4所示。

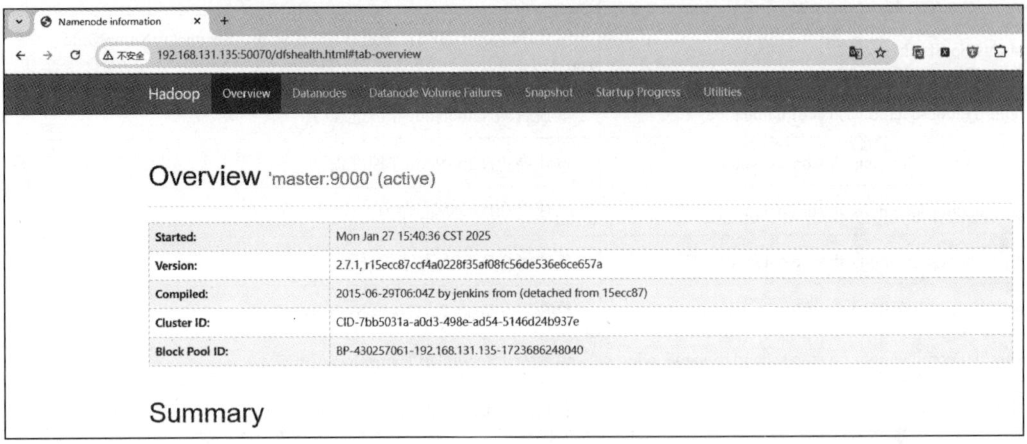

图2-4　HDFS监控页面

MapReduce默认的监控端口为8088，MapReduce监控页面如图2-5所示。

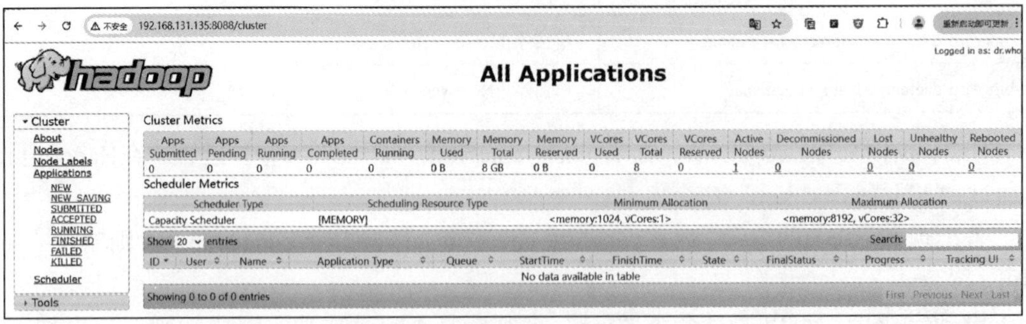

图2-5　MapReduce监控页面

项目三

安装与配置ZooKeeper组件

Apache ZooKeeper是Apache软件基金会的一个软件项目，它为大型分布式计算提供开源的分布式配置服务、同步服务和命名注册。本项目主要介绍ZooKeeper相关知识、ZooKeeper选项设置、ZooKeeper角色选举、下载和安装ZooKeeper、ZooKeeper的配置选项、启动ZooKeeper及其他相关配置内容。

任务一　学习ZooKeeper相关知识

视 频

ZooKeeper详解及其主从架构和ZAB协议

ZooKeeper最早起源于雅虎研究院的一个研究小组，当时研究人员发现在雅虎内部很多大型系统基本都需要依赖一个类似的系统来进行分布式协调，但是这些系统往往都存在分布式单点问题。所以，雅虎的开发人员试图开发一个通用的无单点问题的分布式协调框架，以便开发人员将精力集中在处理业务逻辑上。

ZooKeeper是一个开源的分布式协调服务，最初是在“Yahoo!”系统上构建的，用于以简单而稳健的方式访问它的应用程序。后来，Apache ZooKeeper成为Hadoop、HBase和其他分布式框架使用的有组织服务的标准。例如，Apache HBase使用ZooKeeper跟踪分布式数据的状态。ZooKeeper的设计目标是将那些复杂且容易出错的分布式一致性服务封装起来，构成一个高效可靠的原语集，并以一系列简单易用的接口提供给用户使用。

ZooKeeper是一个典型的分布式数据一致性解决方案，分布式应用程序可以基于ZooKeeper实现诸如数据发布/订阅、负载均衡、命名服务、分布式协调/通知、集群管理、master选举、分布式锁和分布式队列等功能。ZooKeeper一个最常用的使用场景就是担任服务生产者和服务消费者的注册中心。服务生产者将自己提供的服务注册到ZooKeeper中心，服务消费者在进行服务调用的时候先到ZooKeeper中查找服务，获取服务生产者的详细信息后，再去调用服务生产者的内容与数据。

ZooKeeper的架构通过冗余服务实现高可用性。如果第一次无应答，客户端就可以询问另一台ZooKeeper主机。ZooKeeper节点将它们的数据存储于一个分层的命名空间，非常类似于一个文件系统。客户端可以在节点读写，从而以这种方式拥有一个共享的配置服务。使用ZooKeeper的公司包括Rackspace和eBay等大型IT企业，以及独立的企业级搜索应用服务器。

3.1.1 ZooKeeper的重要概念

（1）会话（Session）：Session指的是ZooKeeper服务器与客户端会话。在ZooKeeper中，一个客户端连接是指客户端和服务器之间的一个TCP长连接。客户端启动时，首先会与服务器建立一个TCP连接，从第一次连接建立开始，客户端会话的生命周期也开始了。通过这个连接，客户端能够通过心跳检测与服务器保持有效的会话，也能够向ZooKeeper服务器发送请求并接收响应，同时还能够通过该连接接收来自服务器的Watch事件通知。Session的sessionTimeout值用来设置一个客户端会话的超时时间。当由于服务器压力太大、网络故障或客户端主动断开连接等各种原因导致客户端连接断开时，只要在sessionTimeout规定的时间内能够重新连接上集群中任意一台服务器，那么之前创建的会话仍然有效。在为客户端创建会话之前，服务端首先会为每个客户端都分配一个sessionID。sessionID是ZooKeeper会话的一个重要标志，许多与会话相关的运行机制都是基于这个sessionID的，因此，无论是哪台服务器为客户端分配的sessionID，都务必保证全局唯一。

（2）Znode：在谈到分布式的时候，人们通常说的“节点”是指组成集群的每一台机器。然而，在ZooKeeper中，“节点”分为两类：第一类同样是指构成集群的机器，称为机器节点；第二类则是指数据模型中的数据单元，称为数据节点Znode。ZooKeeper将所有数据存储在内存中，数据模型是一棵树（ZnodeTree），由斜杠（/）进行分割的路径就是一个Znode，如/foo/path1。每个Znode上都会保存自己的数据内容，同时还会保存一系列的属性信息。在ZooKeeper中，Znode可以分为持久节点和临时节点两类。持久节点是指一旦Znode被创建，除非主动进行Znode的移除操作，否则这个Znode将一直保存在ZooKeeper上。而临时节点就不一样了，它的生命周期和客户端会话绑定，一旦客户端会话失效，那么这个客户端创建的所有临时节点都会被移除。另外，ZooKeeper还允许用户为每个节点添加一个特殊的属性：SEQUENTIAL。一旦节点被标记上这个属性，那么在这个节点被创建时，ZooKeeper会自动在其节点名后面追加上一个整型数字，这个整型数字是一个由父节点维护的自增数字。

（3）版本：在前面已经提到，ZooKeeper的每个Znode上都会存储数据，对应于每个Znode，ZooKeeper都会为其维护一个称为Stat的数据结构，Stat中记录了这个Znode的3个数据版本，分别是version（当前Znode的版本）、cversion（当前Znode子节点的版本）和cversion（当前Znode的ACL版本）。

（4）Watcher（事件监听器）：ZooKeeper中一个很重要的特性。ZooKeeper允许用户在指定节点上注册一些Watcher，并且在一些特定事件触发时，ZooKeeper服务器端会将事件通知到感兴趣的客户端，该机制是ZooKeeper实现分布式协调服务的重要特性。

（5）ACL：ZooKeeper采用ACL（access control lists，访问控制列表）策略来进行权限控制，类似于UNIX文件系统的权限控制。

3.1.2 ZooKeeper的特点

（1）顺序一致性：从同一客户端发起的事务请求，最终将会严格地按照顺序被应用到ZooKeeper中去。

（2）原子性：所有事务请求的处理结果在整个集群中所有机器上的应用情况是一致

的，要么整个集群中所有的机器都成功应用了某一个事务，要么都没有应用。

（3）单一系统映像：无论客户端连到哪一个ZooKeeper服务器上，其看到的服务器端数据模型都是一致的。

（4）可靠性：一旦一次更改请求被应用，更改的结果就会被持久化，直到被下一次更改覆盖。

ZooKeeper采用主从架构（leader-follower模型），包括以下几个主要组件：

leader（领导者）：负责处理所有写请求和协调事务一致性。它是集群中的主节点，负责处理客户端的写请求，并将这些请求以事务的形式广播给所有follower节点。

follower（跟随者）：处理读请求并转发写请求给leader。follower节点还参与leader选举和事务提交过程，它们会接收来自leader的广播事务，并将其应用到本地数据模型中。

observer（观察者，可选）：只处理读请求，不参与写请求的投票和事务提交，主要用于扩展读取吞吐量。Observer节点可以提供额外的读取能力，但不会参与写请求的投票过程，从而减少了写请求的延迟。

ZooKeeper还使用ZAB（ZooKeeper Atomic Broadcast，原子消息广播）协议来保证事务的一致性和容错性。ZAB协议是一种支持崩溃恢复的原子广播协议，它确保了集群中所有节点都以相同的顺序处理事务，从而保证了数据的一致性。

在ZooKeeper集群中，当leader节点出现故障或新的leader被选举出来时，系统会进入恢复模式进行leader选举和数据同步。选举完成后，系统进入广播模式，开始处理客户端的请求。

视频

ZooKeeper服务配置指南

任务二　配置ZooKeeper服务

ZooKeeper的功能特性通过ZooKeeper配置文件来进行控制管理（zoo.cfg）。对ZooKeeper集群进行配置时，它的配置文档是完全相同的，这样的配置方法使得在部署ZooKeeper服务时非常方便。另外，如果服务器使用不同的配置文件，必须要确保不同配置文件中的服务器列表相匹配。

1. 配置ZooKeeper服务

ZooKeeper服务器中包含各种配置参数，这些参数在zoo.cfg的配置文件中定义。如果它们被配置为相同的应用程序，部署在ZooKeeper服务中的服务器可以共享一个文件。myid文件将服务器和其他服务器区分开来。虽然该配置文件中的默认选项通常为应用程序的评估或测试提供最常见的用例，但在生产环境中，结合实际应用，正确配置相关参数是非常重要的。

2. 最小配置

（1）dataDir：这是ZooKeeper存储内存数据库快照的目录。如果没有单独定义dataLogDir参数，则更新到数据库的事务日志也将存储在此目录中。如果此服务器是ensemble的成员，则myid文件也将存储在此目录中。如果数据目录对性能不敏感，事务日志存储在不同的位置，则不需要在专用设备中进行配置。

（2）tickTime：这是用毫秒表示的单次标记的长度。tick是ZooKeeper用来确定心跳和会话超时的基本时间单位。默认的tickTime参数值是2 000 ms。降低tickTime参数值可以实现更快的超时，但增加了网络流量（心跳）和对ZooKeeper服务器的处理开销。

3. 存储配置

dataLogDir：这是存储ZooKeeper事务日志的目录。服务器会同步写入刷新事务日志。因此，使用专用事务日志设备非常重要，这样ZooKeeper服务器的事务日志记录就不会受到系统中其他进程的I/O活动的影响。拥有一个专用的日志设备可以提高总体吞吐量，并为请求分配稳定的等待时间。

视频

ZooKeper角色选举及master/slave模式详解

任务三　了解ZooKeeper角色选举

最典型集群模式为Master/Slave模式（主备模式）。在这种模式中，通常master服务器作为主服务器提供写服务；其他slave从服务器通过异步复制的方式获取master服务器的最新数据，提供读服务。

ZooKeeper没有选择传统的Master/Slave概念，而是引入了leader、follower和observer这三种角色。ZooKeeper角色选举见表3-1。ZooKeeper集群中的所有机器通过一个leader选举过程来选定一台名为“leader”的机器，leader既可以为客户端提供写服务，又可以提供读服务。

表3-1　ZooKeeper角色选举

角　色		描　述
leader（领导者）		负责进行投票的发起和决议，更新系统状态
learner（学习者）	follower（跟随者）	用于接收客户请求并向客户端返回结果，在选举过程中参与投票
	observer（观察者）	接收客户端连接，将写请求转发给leader节点。observer只同步leader的状态，不参加投票过程。 observer的目的是扩展系统，提高读取速度
client（客户端）		请求发起方

除了leader外，follower和observer都只能提供读服务。follower和observer唯一的区别在于observer机器不参与leader的选举过程，也不参与写操作的“过半写成功”策略，因此，observer机器可以在不影响写性能的情况下提升集群的读性能。

视频

ZooKeper的安装、配置与启动指南

任务四　下载和安装ZooKeeper

ZooKeeper的最新版本可以通过官网来获取，安装ZooKeeper组件需要与Hadoop环境适配。

注意：各节点的防火墙需要关闭，否则会出现连接问题。

（1）ZooKeeper的安装包zookeeper-3.4.8.tar.gz已放置在Linux操作系统/data目录下。

（2）解压安装包到指定目标，在master节点中执行如下命令：

```
[root@master data]# tar -zxvf /data/zookeeper-3.4.8.tar.gz -C /opt
[root@master data]# mv /opt/zookeeper-3.4.8 /opt/zookeeper
```

任务五　配置ZooKeeper选项

3.5.1　master节点配置

（1）在ZooKeeper的安装目录下创建data和logs文件夹。

```
[root@master data]# mkdir /opt/zookeeper/data          #存放数据文件夹
[root@master data]# mkdir /opt/zookeeper/logs          #存放日志文件夹
```

（2）在每个节点中写入该节点的标识编号，每个节点编号不同，master节点写入1，slavel节点写入2，slave2节点写入3。

```
[root@master data]# cd /opt/zookeeper/data
[root@master data]# echo "1" > myid
```

（3）修改配置文件zoo.cfg。

```
[root@master data]# cp /opt/zookeeper/conf/zoo_sample.cfg /opt/
zookeeper/conf/zoo.cfg                                 #复制配置文件模板
[root@master data]# vim /opt/zookeeper/conf/zoo.cfg #修改复制出来的配置文件
修改dataDir参数内容如下。
dataDir=/opt/zookeeper/data
```

（4）在zoo.cfg文件的末尾追加以下参数配置，表示三个ZooKeeper节点的访问端口号。

```
dataLogDir=/opt/zookeeper/logs
server.1=master:2888:3888
server.2=slave1:2888:3888
server.3=slave2:2888:3888
```

3.5.2　slave节点配置

（1）从master节点复制ZooKeeper安装目录到两个slave节点。

```
[root@master data]# scp -r /opt/zookeeper/ root@slave1:/opt/
[root@master data]# scp -r /opt/zookeeper/ root@slave2:/opt/
```

（2）在slave1节点上配置该节点的myid为2。

```
[root@slave1 ~]# cd /opt/zookeeper/data
[root@slave1 data]# echo "2" > myid
```

（3）在slave2节点上配置该节点的myid为3。

```
[root@slave2 ~]# cd /opt/zookeeper/data
[root@slave2 data]# echo "3" > myid
```

3.5.3 系统环境变量配置

在master、slave1、slave2三个节点上增加环境变量配置。

```
[root@master data]# vim /etc/profile
#在文件末尾追加
#zookeeper
export ZK_HOME=/opt/zookeeper
export PATH=$PATH:$ZK_HOME/bin
```

三个节点均刷新环境变量。

```
[root@master data]# source /etc/profile
```

任务六　启动ZooKeeper

启动ZooKeeper需要使用root用户进行操作。

（1）分别在master、slavel、slave2三个节点中使用zkServer.sh start命令启动ZooKeeper。

```
#master节点启动
[root@master data]# zkServer.sh start
ZooKeeper JMX enabled by default
Using config:/opt/zookeeper/bin/../conf/zoo.cfg
Starting zookeeper ... STARTED
#slave1节点启动
[root@slave1 data]# zkServer.sh start
ZooKeeper JMX enabled by default
Using config: /opt/zookeeper/bin/../conf/zoo.cfg
Starting zookeeper ... STARTED
#slave2节点启动
[root@slave2 data]# zkServer.sh start
ZooKeeper JMX enabled by default
Using config:/opt/zookeeper/bin/../conf/zoo.cfg
Starting zookeeper ... STARTED
```

（2）三个节点都启动完成后，再统一查看ZooKeeper的运行状态。

分别在master、slave1、slave2三个节点使用zkServer.sh status命令查看ZooKeeper的状态。可以看到三个节点的状态分别为follower、leader、follower。三个节点包括1个leader和两个follower，每个节点地位均等。leader根据ZooKeeper内部算法进行选举，每个节点的具体状态不固定。

```
#master节点状态
[root@master data]# zkServer.sh status
ZooKeeper JMX enabled by default
Using config:/opt/zookeeper/bin/../conf/zoo.cfg
Mode: follower
#slave1节点状态
[root@slave1 data]#zkServer.sh status
ZooKeeper JMX enabled by default
```

```
Using config:/opt/zookeeper/bin/../conf/zoo.cfg
Mode: follower
#slave2节点状态
[root@slave2 data]#zkServer.sh status
ZooKeeper JMX enabled by default
Using config:/opt/zookeeper/bin/../conf/zoo.cfg
Mode: leader
```

项目四

配置与启动 Hadoop 高可用集群

任务一　配置 HA 集群环境

视 频

Linux系统环境配置及Hadoop HA集群规划

4.1.1　Linux操作系统环境配置

本节设置的Linux操作系统环境会影响后续项目中Hadoop高可用集群（Hadoop high availability，Hadoop HA）环境的安装与运行，为了前后一致，一些基本的环境变量按照表4-1中的内容进行设置。

表 4-1　基本的环境变量

主　机　名	IP 地址	网　　关	用　户　名	密　　码
master	192.168.131.135/24	192.168.131.2	root	111111
slave1	192.168.131.136/24	192.168.131.2	root	111111
slave2	192.168.131.137/24	192.168.131.2	root	111111

根据Hadoop HA集群的架构分析，本书使用三台主机规划集群，具体情况见表4-2。

表 4-2　Hadoop HA 集群规划

主　机　名	IP　地　址	主备状态	主机进程
master	192.168.131.135/24	Active NameNode（NameNode 主节点）	QuorumPeerMain Jps DataNode JournalNode JobHistoryServer NodeManager ResourceManager NameNode DFSZKFailoverController
slave1	192.168.131.136/24	Standby NameNode（NameNode 备用节点）	ResourceManager DataNode QuorumPeerMain DFSZKFailoverController NodeManager NameNode JournalNode Jps

续表

主 机 名	IP 地 址	主备状态	主机进程
slave2	192.168.131.137/24	未部署 NameNode	JournalNode NodeManager DataNode Jps QuorumPeerMain

1. 配置主机的IP地址

IP地址是一台主机上网时的身份证明，是网络给它的一个地址；主机名是为机器赋予的名字，一台主机可以取各种各样的名字。一台主机可以通过IP地址进行标识，也可以通过主机名进行标识。显然，在主机间进行通信时，相比于通过全是数字的IP地址进行通信，使用主机名进行通信更方便。此时，就需要进行IP地址与主机名之间的映射了。当然，在后面的配置文件中也可以用主机名代替IP地址表示主机，当IP地址改变时，只需修改主机名与IP地址的映射文件即可，而不用在多个配置文件中进行修改。

如果在安装Linux系统时正确设置了网络和主机名，就不需要配置服务器的IP地址和修改计算机的主机名了。如果没有设置或设置错误，则需要修改。

对集群中的各个主机分别执行如下操作：

```
[root@master~]#ip a              # 查看主机的 IP 地址
1:lo:<LOOPBACK,UP,LOWER_UP>mtu 65536 qdisc noqueue state UNKNOWN group
default qlen 1000
    link/loopback 00:00:00:00:00:00 brd 00:00:00:00:00:00
    inet 127.0.0.1/8 scope host lo
        valid_lft forever preferred_lft forever
    inet6 ::1/128 scope host
        valid_lft forever preferred_lft forever
2:ens32:<BROADCAST,MULTICAST,UP,LOWER_UP>mtu 1500 qdisc pfifo_fast state
UP group default qlen 1000
    link/ether 00:0c:29:ff:3e:51 brd ff:ff:ff:ff:ff:ff
    inet 192.168.131.135/24 brd 192.168.131.255 scope global noprefixroute ens32
        valid_lft forever preferred_lft forever
    inet6 fe80::34ef:870:fda2:453a/64 scope link noprefixroute
        valid_lft forever preferred_lft forever
```

2. 设置主机名

设置master节点的临时主机名为master：

```
[root@localhost~]#hostnamectl set-hostname master
[root@master~]#                  # 打开新的终端
```

设置slave1节点的临时主机名为slave1：

```
[root@localhost~]#hostnamectl set-hostname slave1
[root@slave1~]#                  # 打开新的终端
```

设置slave2节点的临时主机名为slave2：

```
[root@localhost~]#hostnamectl set-hostname slave2
```

```
[root@slave2~]#                                     # 打开新的终端
```

编辑“/etc/hostname”文件可永久保存主机名，执行如下命令，删除文件已有内容并添加设置的主机名：

```
[root@master~]#vim /etc/hostname        # 将 master 节点的主机名修改为 master
[root@slave1~]#vim /etc/hostname        # 将 slave1 节点的主机名修改为 slave1
[root@slave2~]#vim /etc/hostname        # 将 slave2 节点的主机名修改为 slave2
```

执行以上命令后，主机名即修改为相应的主机名称master、slave1和slave2。

3. 集群IP地址和主机名的映射

IP地址和主机名的映射文件是本地名字解析文件host，文件在“/etc”目录中，可以使用vim命令对该文件进行编辑。

根据表4-1中的内容，Hadoop设置的主机名分别为master、slavel、slave2，映射地址分别为192.168.131.135、192.168.131.136、192.168.131.137。“/etc/hosts”文件给出了主机名到IP地址的映射关系，分别修改其“/etc/hosts”文件。在三个节点命令终端输入如下命令：

```
vim /etc/hosts
```

在文件末尾添加如下内容：

```
192.168.131.135 master          #master 主机的 IP 地址和主机名的映射
192.168.131.136 slave1          #slave1 主机的 IP 地址和主机名的映射
192.168.131.137 slave2          #slave2 主机的 IP 地址和主机名的映射
```

配置完毕，分别执行reboot命令重新启动系统，使配置生效。

4. 关闭防火墙

```
systemctl stop firewalld.service        # 停止 firewalld 服务
systemctl disable firewalld.service     # 禁止 firewalld 服务开机启动
systemctl status firewalld.service      # 查看防火墙状态
```

5. 关闭集群中的SELinux

```
[root@master~]#sed -i 's/SELINUX=enforcing/SELINUX=disabled/g' /etc/
selinux/config
# 关闭 selinux
# 指定 SELinux 的运行模式
# 有 enforcing (强制模式)、permissive (宽容模式)、disabled (不生效模式) 三种
[root@master~]#cat /etc/selinux/config
#This file controls the state of SELinux on the system.
#SELINUX=can take one of these three values:
#    enforcing-SELinux security policy is enforced.
#    permissive-SELinux prints warnings instead of enforcing.
#    disabled-No SELinux policy is loaded.
SELINUX=disabled
#SELINUXTYPE=can take one of three two values:
#    targeted-Targeted processes are protected,
#    minimum-Modification of targeted policy. Only selected processes are
protected.
#    mls-Multi Level Security protection.
SELINUXTYPE=targeted
```

6. 时钟同步

Hadoop集群对集群中各个主机的时间同步要求比较高，如果各个主机的系统时间相差较多，则容易造成连接超时问题，因此，在搭建Hadoop集群的时候，一项很重要的工作就是配置集群主机之间时钟同步。

NTP（network time protocol，网络时间协议）用来同步网络上不同主机的系统时间，所有主机都可以和一个指定的被称为NTP服务器的时间服务器同步它们的时间。一个NTP服务器会将它的时间和任意公共的NTP服务器或用户选定的服务器同步。由NTP管理的所有系统时钟都会同步精确到毫秒级。

首先确定是否安装了ntpd服务。

```
[root@master~]#rpm -qa | grep ntp
```

如果已经安装成功，则执行上述命令后会显示机器安装的ntpd的版本信息；如果没有安装，则可以进行在线安装。

执行以下命令进行在线安装：

```
[root@master~]#yum -y install ntp
```

编辑配置文件：

```
[root@master~]#vim /etc/sysconfig/ntpd
```

加入以下内容：

```
SYS_HWLOCK=yes
```

保存退出配置文件，然后同步时间：

```
[root@master~]#systemctl start ntpd
```

slave1和slave2重复上述配置时间同步操作。

7. SSH无密码登录

1）在每个节点上均生成密钥对

在每个节点上均使用ssh-keygen命令生成密钥对，使用-t参数设定加密类型，本次使用rsa加密方式，并使用-P参数设定密钥保护密码，本次未设定密钥保护类型，传递空字符串作为参数。具体命令如下：

```
[root@master~]#ssh-keygen -t rsa -P ""              #在master节点生成秘钥对
Generating public/private rsa key pair.
Enter file in which to save the key(/root/.ssh/id_rsa):
Created directory '/root/.ssh'.
Your identification has been saved in/root/.ssh/id_rsa.
Your public key has been saved in/root/.ssh/id_rsa.pub.
The key fingerprint is:
SHA256:q52O2nTOH4awWM2frAE/+5XKj4mHgC+5URDTE9aIrhA root@master
The key's randomart image is:
+---[RSA 2048]----+
| ooo+            |
|E .++.           |
```

```
|...  .              |
|. .. o              |
|...=S               |
|..+.==..            |
|  ooo.B.* o         |
|  o+.B.X.*          |
|  o++.X+B..         |
+----[SHA256]-----+
[root@slave1~]#ssh-keygen -t rsa -P ""                    # 在 slave1 节点生成秘钥对
.......
[root@slave2~]#ssh-keygen -t rsa -P ""                    # 在 slave2 节点生成秘钥对
.......
```

2）在master节点上创建公钥

通过重定向的方式将id_rsa.pub文件中的内容写入授权的authorized_keys文件中：

```
[root@master~]#cat ~/.ssh/id_rsa.pub > ~/.ssh/authorized_keys  # 重定向写入
[root@master~]#ls ~/.ssh/                                      # 查看密钥文件
                                                                 和授权文件
authorized_keys  id_rsa  id_rsa.pub
[root@master~]#chmod 700 ~/.ssh/authorized_keys                # 更改文件用户
                                                                 权限
```

3）将master节点上的公钥分发给slave1节点

分发公钥的命令如下（在master节点上执行）：

```
[root@master~]#scp ~/.ssh/authorized_keys root@slave1:~/.ssh/
The authenticity of host 'slave1(192.168.131.136)' can't be established.
ECDSAkeyfingerprintis SHA256:c+2QMmXXzBmy+03eFLiJPVzjXItY1cHQY3UOQruBwyI.
ECDSA key fingerprint is MD5:c1:21:cb:fe:2d:d6:56:d3:3d:59:16:f6:dd:91:
aa:33.
Are you sure you want to continue connecting(yes/no)? yes        # 输入 yes
Warning:Permanently added 'slave1,192.168.131.136'(ECDSA)to the list of
known hosts.
root@slave1's password:                                   # 输入 slave1 的密码
authorized_keys                          100% 393   433.7KB/s   00:00
```

4）在slave1节点上追加公钥

追加公钥的命令如下（在slavel节点上执行）：

```
[hadoop@slave1~]$cat ~/.ssh/id_rsa.pub >> ~/.ssh/authorized_keys
```

将slave1节点上的公钥分发给slave2节点和master节点，分发公钥的命令如下（在slave1节点上执行）：

```
[root@slave1~]#cat ~/.ssh/id_rsa.pub >> ~/.ssh/authorized_keys
# 将 slave1 的私钥加到公钥里
[root@slave1~]#scp ~/.ssh/authorized_keys root@slave2:~/.ssh/
                                                   # 将公钥发给 slave2
The authenticity of host 'slave2(192.168.131.137)' can't be established.
ECDSAkeyfingerprintis SHA256:c+2QMmXXzBmy+03eFLiJPVzjXItY1cHQY3UOQruBwyI.
ECDSA key fingerprint is MD5:c1:21:cb:fe:2d:d6:56:d3:3d:59:16:f6:dd:91:aa:33.
```

```
Are you sure you want to continue connecting(yes/no)? yes       # 输入yes
Warning:Permanently added 'slave2,192.168.131.137'(ECDSA)to the list of
known hosts.
root@slave2's password:              # 输入slave2的密码
authorized_keys  100% 786  776.9KB/s  00:00
[root@slave1~]#scp ~/.ssh/authorized_keys root@master:~/.ssh/
                                     # 将公钥发给master
The authenticity of host 'master(192.168.131.135)' can't be established.
ECDSA key fingerprint is SHA256:c+2QMmXXzBmy+03eFLiJPVzjXItY1cHQY3UOQruBw
yI.
ECDSA key fingerprint is MD5:c1:21:cb:fe:2d:d6:56:d3:3d:59:16:f6:dd:91:
aa:33.
Are you sure you want to continue connecting(yes/no)? yes
                                     # 输入yes
Warning:Permanently added 'master,192.168.131.135'(ECDSA)to the list of
known hosts.
root@master's password:              # 输入master的密码
authorized_keys  100% 786  814.2KB/s  00:00
```

查看master节点的authorized_keys文件：

```
[root@master~]#cat ~/.ssh/authorized_keys
```

执行以上命令，可以看到master节点的authorized_keys文件中包括master、slave1、slave2这三个节点的公钥。

查看slave2节点的authorized_keys文件：

```
[root@slave2~]#cat ~/.ssh/authorized_keys
```

执行以上命令，可以看到slave2节点的authorized_keys文件中包括master、slave1这两个节点的公钥。

验证master节点到每个slave节点的SSH无密码登录。

在hadoop用户下验证master节点能否嵌套登录slave节点，若可以无密码登录，则说明SSH无密码登录认证成功：

```
[root@master~]#ssh slave1
Last login:Mon Aug  5 15:33:58 2024 from 192.168.131.1
[root@slave1~]#
[root@master~]#ssh slave2
Last login:Mon Aug  5 16:07:51 2024 from master
[root@slave2~]#
```

验证slave1节点的SSH无密码登录：

```
[root@slave1~]#ssh master
Last login:Mon Aug  5 15:33:54 2024 from 192.168.131.1
[root@master~]#
```

```
[root@slave1~]#ssh slave2
Last login:Mon Aug  5 16:10:11 2024 from master
[root@slave2~]#
```

测试SSH无密码登录成功。

4.1.2 Java环境变量配置

1. 下载JDK安装包

JDK安装包需要在Oracle官网下载，本书采用的安装包为jdk-8u152-linux-x64.tar.gz。

在Hadoop集群的每个节点分别安装JDK成功之后，还需要对环境变量进行配置才能使用。

创建目录，命令如下：

在Linux系统中创建两个目录，分别为/opt/software和/usr/local/src,opt/software目录用于存放安装软件包，/usr/local/src目录作为软件安装目录：

```
[root@master~]#mkdir /opt/software/usr/local/src
```

2. 解压JDK安装包

解压JDK安装包到/usr/local/src/目录下，命令如下：

```
[root@master~]#tar zxvf jdk-8u191-linux-x64.tar.gz -C/usr/local/src
# 指定解压目的路径为 /usr/local/src
[root@master~]#mv /usr/local/src/jdk1.8.0_ 191 /usr/local/src/jdk
```

解压完成后，查看目录确认。可以看出，JDK安装在/usr/local/src/目录下：

```
[root@master~]#ll /usr/local/src
total 0
drwxr-xr-x.7  root  root  245  Oct  52019  jdk
```

3. 配置环境变量

编辑/etc/profile文件：

```
[root@master data]#vim /etc/profile
```

将以下配置信息添加到/etc/profile文件的末尾。

```
#java
export JAVA_HOME=/opt/java
export PATH=$PATH:$JAVA_HOME/bin
```

4. 使环境变量生效

执行source /etc/profile命令，使配置的环境变量在系统全局范围内生效：

```
[root@master data]#source /etc/profile
```

5. 验证安装成功

查看环境变量是否指向Java安装目录：

```
[root@master data]#echo $JAVA_HOME
/opt/java                          # 说明 JAVA_HOME 已指向 Java 安装目录了
```

查看Java版本，若能够正常显示Java版本，则说明JDK安装配置成功了：

```
[root@master data]#java -version     # 查看 java 版本
java version "1.8.0_152"
Java(TM)SE Runtime Environment(build 1.8.0_152-b16)
Java HotSpot(TM)64-Bit Server VM(build 25.152-b16,mixed mode)
```

4.1.3 安装Hadoop软件

本书选用的是Hadoop 2.7.1版本，安装包为hadoop-2.7.1.tar.gz，Hadoop HA的启动依赖于ZooKeeper环境，参考项目三中的任务四、任务五等步骤，提前部署好ZooKeeper。

首先从官网下载Hadoop安装包，然后通过文件传输工具将其上传到Linux系统的/data目录下。

1. 安装Hadoop

上传完成后进入操作系统，将安装包解压到/opt目录下，命令如下：

```
[root@master data]#tar -zxvf/data/hadoop-2.7.1.tar.gz-C/opt/
[root@master data]#mv /opt/hadoop-2.7.1/opt/hadoop
```

解压完成后，查看目录确认。可以看出，Hadoop安装在了/opt/目录下。

```
[root@master data]#ll /opt
总用量 0
drwxr-xr-x. 9  10021 10021 149 6月 29 2015 hadoop
drwxr-xr-x. 8  10    143   255 9月 14 2017 java
```

查看Hadoop目录，得到Hadoop目录内容如下：

```
[root@master data]#ll /opt/hadoop/
总用量 28
drwxr-xr-x. 2 10021 10021  194 6月 29 2015 bin
drwxr-xr-x. 3 10021 10021  20 6月 29 2015 etc
drwxr-xr-x. 2 10021 10021  106 6月 29 2015 include
drwxr-xr-x. 3 10021 10021  20 6月 29 2015 lib
drwxr-xr-x. 2 10021 10021  239 6月 29 2015 libexec
-rw-r--r--. 1 10021 10021  15429 6月 29 2015 LICENSE.txt
-rw-r--r--. 1 10021 10021  101 6月 29 2015 NOTICE.txt
-rw-r--r--. 1 10021 10021  1366 6月 29 2015 README.txt
drwxr-xr-x. 2 10021 10021  4096 6月 29 2015 sbin
drwxr-xr-x. 4 10021 10021  31 6月 29 2015 share
```

其中各目录的含义如下。

bin：Hadoop、HDFS、YARN和MapReduce的运行程序和管理软件。

etc：Hadoop配置文件。

include：类似C语言的头文件。

lib：本地库文件，支持对数据进行压缩和解压操作。

libexec：同lib。

sbin：Hadoop集群的启动、停止命令。

share：说明文档、案例和依赖jar包。

2. 配置Hadoop环境变量

与配置Java环境变量类似，修改/etc/profile文件（在三个节点上都执行），进行Hadoop环境变量的配置：

```
[root@master data]#vim /etc/profile
```

在文件的最后增加如下两行内容：

```
#hadoop
export HADOOP_HOME=/opt/hadoop
export PATH=$PATH:$HADOOP_HOME/bin:$HADOOP_HOME/sbin
```

保存并退出。

执行source命令使设置生效：

```
[root@master data]#source /etc/profile
```

3. 验证安装是否成功

查看Hadoop版本：

```
[root@master data]#hadoop version
Hadoop 2.7.1
Subversion https://git-wip-us.apache.org/repos/asf/hadoop.git-r 15ecc87ccf4a0228f35af08fc56de536e6ce657a
Compiled by jenkins on 2015-06-29T06:04Z
Compiled with protoc 2.5.0
From source with checksum fc0a1a23fc1868e4d5ee7fa2b28a58a
This command was run using/opt/hadoop/share/hadoop/common/hadoop-common-2.7.1.jar
```

视频

Hadoop HA集群架构及其实现原理

任务二　了解 Hadoop HA 集群的特点

Hadoop集群由多个不同组件组成，它们共同构建了Hadoop集群的高可用机制。

若HDFS组件中只配置了一个NameNode，那么当该NameNode所在的节点宕机时，整个HDFS就不能进行文件的上传和下载了。

若YARN组件中只配置了一个ResourceManager，那么当该ResourceManager所在的节点宕机时，整个YARN就不能进行任务的计算了。

若HBase组件中只配置了一个Master，那么当该Master所在的节点宕机时，整个HBase就不能进行数据表的读/写了。

Hadoop集群依赖ZooKeeper组件进行各个模块的HA配置，其中，状态为active的NameNode对外提供服务；状态为standby的NameNode负责数据的同步备份，在必要时提供快速故障转移功能。

Hadoop HA集群架构如图4-1所示。

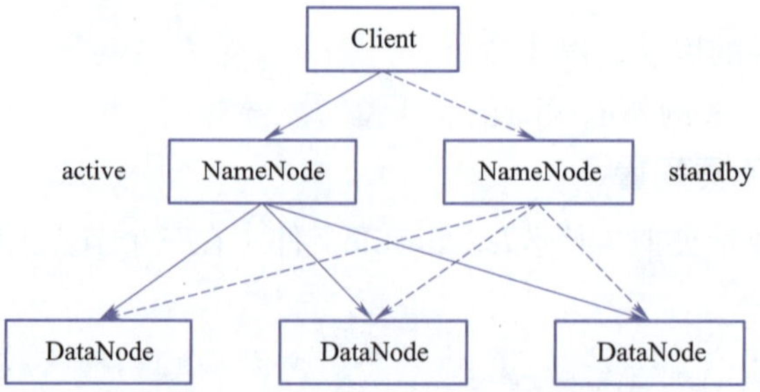

图 4-1　Hadoop HA 集群架构

任务三 理解 Hadoop HA 集群的实现原理

4.3.1 HDFS HA的实现原理

每个HDFS组件都可以部署两个NameNode实例，其中一个处于active状态，另一个处于standby状态。

为保证standby NameNode与active NameNode的同步状态，当active NameNode的命名空间发生改变时，active NameNode会将日志写入每个DataNode的JournalNode中；standby NameNode会一直监控JournalNode的变化，再把变化应用于自己的命名空间中，从而实现两个NameNode之间的数据同步。

主备NameNode的切换主要依靠ZooKeeper集群和FailoverController服务，每个本地NameNode都会部署一个FailoverController实例，它会定期向本地NameNode发起健康监控命令，并与ZooKeeper集群保持一个会话连接，ZooKeeper集群会分配给activeNameNode一个独占锁，表明其是活动的主节点。当active NameNode发生故障时，会返回错误到本地FailoverController中，FailoverController与ZooKeeper集群的会话会断开并失效，此时ZooKeeper集群会向standby NameNode发起新的会话连接，并为standby NameNode分配独占锁，从而使standby NameNode切换为active状态，而原先的active NameNode则变为standby状态。

HDFS HA的实现原理如图4-2所示。

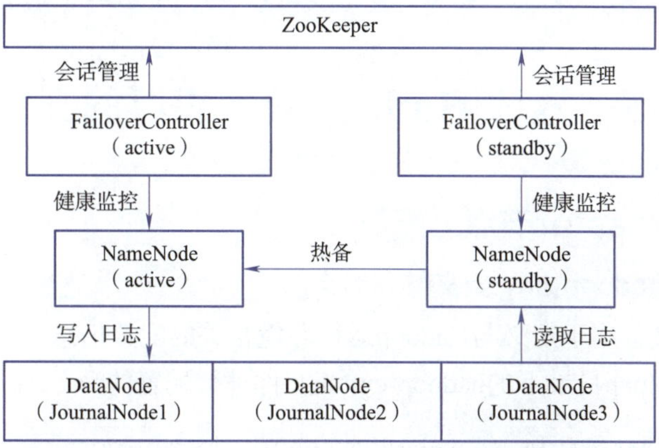

图 4-2 HDFS HA 的实现原理

4.3.2 YARN HA的实现原理

ResourceManager和NodeManager这两个组件一起组成了YARN集群的核心。其中，ResourceManager负责整个集群的管理、分配和监控；NodeManager负责每个节点的具体任务处理和维护。

ResourceManager可以部署两个实例：其中一个处于active状态，另外一个处于

standby状态。两个ResourceManager之间的选举和切换主要依靠ZooKeeper集群，两个ResourceManager的注册信息和元数据都保存在ZooKeeper的Server里，只有当集群重启或active节点宕机时才会触发选举。ResourceManager的选举是通过ZooKeeperQuorum机制的FastLeaderElection算法实现的，该算法是ZooKeeper本身选举机制Paxos算法的变种。选举完成后会确定active ResourceManager和standby ResourceManager。三个NodeManager都是在ResourceManager里注册的，ResourceManager维护每个NodeManager的生命周期和可用资源，以供每个NodeManager的管理和任务分配。

YARN HA的实现原理如图4-3所示。

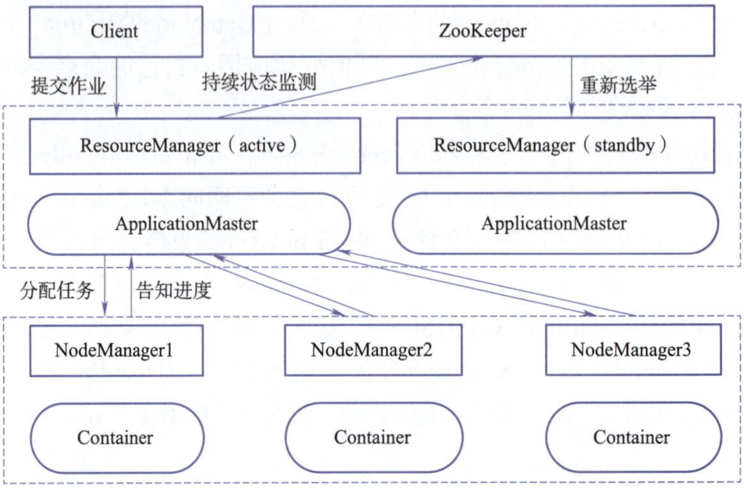

图 4-3　YARN HA 的实现原理

视频

Hadoop HA 集群文件参数配置

任务四　修改 Hadoop HA 集群的文件参数

4.4.1　在master节点上配置

1. 配置hadoop-env.sh文件

hadoop-env.sh文件用于定义与Hadoop运行环境相关的配置信息，如Java的存放路径等。对/opt/hadoop/etc/hadoop目录下的hadoop-env.sh文件进行配置的命令如下：

```
[root@master data]#vim /opt/hadoop/etc/hadoop/hadoop-env.sh
```

修改如下配置：

```
export JAVA_HOME=/opt/java
export HADOOP_PERFIX=/opt/hadoop
```

保存并退出。

2. 配置core-site.xml文件

core-site.xml文件用于定义系统级别的参数，如HDFS的URL、Hadoop的临时目录、ZooKeeper的地址端口等。对core-site.xml文件进行配置的命令如下：

```
[root@master data]#vim /opt/hadoop/etc/hadoop/core-site.xml
```

添加如下配置：

```
# 指定HDFS的命令服务nameservice的名称为n，hdfs-site.xml文件的配置相同
<configuration>
    <!-- 指定hdfs的nameservice为mycluster-->
    <property>
        <name>fs.defaultFS</name>
        <value>hdfs://mycluster</value>
    </property>
    <property>
        <name>hadoop.tmp.dir</name>
        <value>file:/opt/hadoop/tmp</value>
    </property>
    <!-- 指定zookeeper地址 -->
    <property>
        <name>ha.zookeeper.quorum</name>
        <value>master:2181,slave1:2181,slave2:2181</value>
    </property>
    <!--hadoop链接zookeeper的超时时长设置 -->
    <property>
        <name>ha.zookeeper.session-timeout.ms</name>
        <value>30000</value>
        <description>ms</description>
    </property>
    <property>
        <name>fs.trash.interval</name>
        <value>1440</value>
    </property>
</configuration>
```

保存并退出。

3. 配置hdfs-site.xml文件

hdfs-site.xml文件用于定义HDFS的参数，如NameNode的数据目录、DataNode的数据目录、JournalNode的数据目录、JournalNode的地址端口、NameNode的地址端口、DataNode的地址端口、数据块副本数、HA切换方式等。对hdfs-site.xml文件进行配置的命令如下：

```
[root@master data]#vim /opt/hadoop/etc/hadoop/hdfs-site.xml
```

添加如下配置：

```
<configuration>
    <!--journalnode集群之间通信的超时时间 -->
    <property>
        <name>dfs.qjournal.start-segment.timeout.ms</name>
        <value>60000</value>
    </property>
    <!-- 指定hdfs的nameservice为mycluster，需要和core-site.xml中的保持一致
dfs.ha.namenodes.[nameservice id]为在nameservice中的每一个NameNode设置唯一标
示符。配置一个逗号分隔的NameNode ID列表。这将是被DataNode识别为所有的NameNode。如
果使用"mycluster"作为nameservice ID，并且使用"master"和"slave1"作为NameNodes
```

```
标示符 -->
        <property>
            <name>dfs.nameservices</name>
            <value>mycluster</value>
        </property>
        <!--mycluster 下面有两个 NameNode，分别是 master，slave1-->
        <property>
            <name>dfs.ha.namenodes.mycluster</name>
            <value>master,slave1</value>
        </property>
        <!--master 的 RPC 通信地址 -->
        <property>
            <name>dfs.namenode.rpc-address.mycluster.master</name>
            <value>master:8020</value>
        </property>
        <!--slave1 的 RPC 通信地址 -->
        <property>
            <name>dfs.namenode.rpc-address.mycluster.slave1</name>
            <value>slave1:8020</value>
        </property>
        <!--master 的 http 通信地址 -->
        <property>
            <name>dfs.namenode.http-address.mycluster.master</name>
            <value>master:50070</value>
        </property>
        <!--slave1 的 http 通信地址 -->
        <property>
            <name>dfs.namenode.http-address.mycluster.slave1</name>
            <value>slave1:50070</value>
        </property>
        <!-- 指定 NameNode 的 edits 元数据的共享存储位置。也就是 JournalNode 列表该 url
的配置格式：qjournal://host1:port1;host2:port2;host3:port3/journalIdjournalId
推荐使用 nameservice，默认端口号是：8485-->
        <property>
            <name>dfs.namenode.shared.edits.dir</name>
            <value>qjournal://master:8485;slave1:8485;slave2:8485/mycluster
</value>
        </property>
        <!-- 配置失败自动切换实现方式 -->
        <property>
            <name>dfs.client.failover.proxy.provider.mycluster</name>
        <value>org.apache.hadoop.hdfs.server.namenode.ha.ConfiguredFailoverPr
oxyProvider</value>
        </property>
        <!-- 配置隔离机制方法，多个机制用换行分割，即每个机制暂用一行 -->
        <property>
            <name>dfs.ha.fencing.methods</name>
            <value>
                sshfence
                shell(/bin/true)
            </value>
```

```
    </property>
    <property>
        <name>dfs.permissions.enabled</name>
        <value>false</value>
    </property>
    <property>
        <name>dfs.support.append</name>
        <value>true</value>
    </property>
    <!-- 使用 sshfence 隔离机制时需要 ssh 免登录 -->
    <property>
        <name>dfs.ha.fencing.ssh.private-key-files</name>
        <value>/root/.ssh/id_rsa</value>
    </property>
    <!-- 指定副本数 -->
    <property>
        <name>dfs.replication</name>
        <value>2</value>
    </property>
    <property>
        <name>dfs.namenode.name.dir</name>
        <value>/opt/hadoop/tmp/hdfs/nn</value>
    </property>
    <property>
        <name>dfs.datanode.data.dir</name>
        <value>/opt/hadoop/tmp/hdfs/dn</value>
    </property>
    <!-- 指定 JournalNode 在本地磁盘存放数据的位置 -->
    <property>
        <name>dfs.journalnode.edits.dir</name>
        <value>/opt/hadoop/tmp/hdfs/jn</value>
    </property>
    <!-- 开启 NameNode 失败自动切换 -->
    <property>
        <name>dfs.ha.automatic-failover.enabled</name>
        <value>true</value>
    </property>
    <!-- 启用 webhdfs-->
    <property>
        <name>dfs.webhdfs.enabled</name>
        <value>true</value>
    </property>
    <!-- 配置 sshfence 隔离机制超时时间 -->
    <property>
        <name>dfs.ha.fencing.ssh.connect-timeout</name>
        <value>30000</value>
    </property>
    <property>
        <name>ha.failover-controller.cli-check.rpc-timeout.ms</name>
        <value>60000</value>
    </property>
</configuration>
```

保存并退出。

4. 配置mapred-site.xml文件

mapred-site.xml文件用于定义MapReduce的参数，如MapReduce计算框架、JobHistory的地址端口等。对mapred-site.xml文件进行配置的命令如下：

```
[root@masterdata]#cp  /opt/hadoop/etc/hadoop/mapred-site.xml.template
/opt/hadoop/etc/hadoop/mapred-site.xml
[root@master data]#vim /opt/hadoop/etc/hadoop/mapred-site.xml
```

添加如下配置：

```
<configuration>
    <!-- 指定 mr 框架为 yarn 方式 -->
    <property>
        <name>mapreduce.framework.name</name>
        <value>yarn</value>
    </property>
    <!-- 指定 mapreduce jobhistory 地址 -->
    <property>
        <name>mapreduce.jobhistory.address</name>
        <value>master:10020</value>
    </property>
    <!-- 任务历史服务器的 web 地址 -->
    <property>
        <name>mapreduce.jobhistory.webapp.address</name>
        <value>master:19888</value>
    </property>
</configuration>
```

保存并退出。

5. 配置yarn-site.xml文件

yarn-site.xml文件用于定义YARN的参数，如开启YARN HA、指定ResourceManager的名称、指定ResourceManager的地址端口、指定NodeManager的地址端口、指定ZooKeeper的地址端口、指定JournalNode的恢复机制、指定NodeManager获取数据的方式等。对yarn-site.xml文件进行配置的命令如下：

```
[root@master data]#vim /opt/hadoop/etc/hadoop/yarn-site.xml
```

添加如下配置：

```
<configuration>
    <!--Site specific YARN configuration properties-->
    <!-- 开启 RM 高可用 -->
    <property>
        <name>yarn.resourcemanager.ha.enabled</name>
        <value>true</value>
    </property>
    <!-- 指定 RM 的 cluster id-->
    <property>
        <name>yarn.resourcemanager.cluster-id</name>
```

```
        <value>yrc</value>
    </property>
    <!-- 指定RM的名字 -->
    <property>
        <name>yarn.resourcemanager.ha.rm-ids</name>
        <value>rm1,rm2</value>
    </property>
    <!-- 分别指定RM的地址 -->
    <property>
        <name>yarn.resourcemanager.hostname.rm1</name>
        <value>master</value>
    </property>
    <property>
        <name>yarn.resourcemanager.hostname.rm2</name>
        <value>slave1</value>
    </property>
    <!-- 指定zk集群地址 -->
    <property>
        <name>yarn.resourctemanager.zk-address</name>
        <value>master:2181,slave1:2181,slave2:2181</value>
    </property>
    <property>
        <name>yarn.nodemanager.aux-services</name>
        <value>mapreduce_shuffle</value>
    </property>
    <property>
        <name>yarn.log-aggregation-enable</name>
        <value>true</value>
    </property>
    <property>
        <name>yarn.log-aggregation.retain-seconds</name>
        <value>86400</value>
    </property>
    <!-- 启用自动恢复 -->
    <property>
        <name>yarn.resourcemanager.recovery.enabled</name>
        <value>true</value>
    </property>
    <!-- 制定resourcemanager的状态信息存储在zookeeper集群上 -->
    <property>
        <name>yarn.resourcemanager.store.class</name>
      <value>org.apache.hadoop.yarn.server.resourcemanager.recovery.
ZKRMStateStore</value>
    </property>
</configuration>
```

保存并退出。

6. 配置slaves文件

slaves文件用于指定三个DataNode主机信息，命令如下：

```
[root@master data]#vim /opt/hadoop/etc/hadoop/slaves
```

内容修改为

```
master
slave1
slave2
```

保存并退出。

7. 创建Hadoop的数据目录

进入hadoop目录，创建tmp目录，在tmp目录下再创建hdfs和log目录，然后hdfs目录下再创建nn、dn、jn目录，其中，$HADOOP_HOME为Hadoop的安装目录/opt/hadoop，$HADOOP_HOME/tmp/hdfs/nn作为NameNode的数据目录，$HADOOP_HOME/tmp/hdfs/dn作为DataNode的数据目录，SHADOOP_HOME/tmp/hdfs/jn作为JournalNode的数据目录，SHADOOP_HOME/tmp/log作为日志文件目录，命令如下：

```
[root@master data]#mkdir -p /opt/hadoop/tmp/hdfs/nn
[root@master data]#mkdir -p /opt/hadoop/tmp/hdfs/dn
[root@master data]#mkdir -p /opt/hadoop/tmp/hdfs/jn
[root@master data]#mkdir -p /opt/hadoop/tmp/log
```

4.4.2 Hadoop HA集群的文件参数

Hadoop相关文件的分发步骤如下：

1. 分发环境变量文件

将master节点的环境变量文件分发给slave1节点和slave2节点，命令如下：

```
[root@master data]#scp -r /etc/profile root@slave1:/etc/
profile                         100% 1978   82.8KB/s   00:00
[root@master data]#scp -r /etc/profile root@slave2:/etc/
profile                         100% 1978   115.2KB/s  00:00
```

在slave1节点上使其新的环境变量生效，命令如下：

```
[root@slave1~]#source /etc/profile
```

在slave2节点上使其新的环境变量生效，命令如下：

```
[root@slave2~]#source /etc/profile
```

2. 分发hadoop目录

将master节点的hadoop目录分发给slavel节点和slave2节点，命令如下：

```
[root@master data]#scp -r /opt/hadoop/ root@slave1:/opt/
[root@master data]#scp -r /opt/hadoop/ root@slave2:/opt/
```

4.4.3 分发Hadoop相关文件给slave1节点和slave2节点

1. JournalNode服务的原理

在Hadoop HA集群中，两个NameNode之间为了实现数据同步，会通过一组被称为

JournalNode的独立进程进行通信。

当active状态的NameNode的命名空间有任何修改时，就会告知大部分的JournalNode进程，并将修改写入JournalNode中。处于standby状态的NameNode有能力读取JournalNode中的变更信息，并且会一直监控编辑日志的变化，还会把变化应用于自己的命名空间。这样就可以确保在集群出错时，命名空间的状态已经完全同步了，从而实现从standby状态到active状态的实时切换，保证集群继续正常运行。JournalNode服务的原理如图4-4所示。

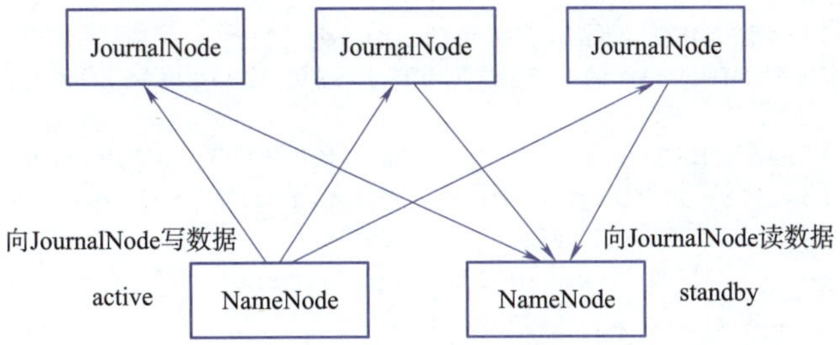

图 4-4　JournalNode 服务的原理

JournalNode服务非常轻量，一般部署在DataNode上，但是必须是奇数个且至少有3个，即必须是（2N+1）个节点。当运行N个JournalNode服务时，系统可以容忍至少（N−1）/2，（N至少为3）个节点失败而不影响正常运行。

2. 启动JournalNode服务

JournalNode服务的配置详见4.4.1节中hdfs-site.xml文件中的配置内容。

在master节点上启动JournalNode服务的命令如下：

```
[root@master data]#hadoop-daemons.sh start journalnode
master:starting journalnode,logging to/opt/hadoop/logs/hadoop-root-journalnode-master.out
slave2:starting journalnode,logging to/opt/hadoop/logs/hadoop-root-journalnode-slave2.out
slave1:starting journalnode,logging to/opt/hadoop/logs/hadoop-root-journalnode-slave1.out
```

启动成功。

视 频

Hadoop HA
集群配置及
HDFS格式化

任务五　执行 HDFS 的格式化

Hadoop HA集群配置完成后，在首次启动前需要先格式化HDFS。

注意：要先确保各节点上的ZooKeeper和JournalNode服务已启动。

4.5.1　格式化active NameNode

Hadoop HA集群中有两个NameNode，一个处于active状态，另一个处于standby状态，此处选用master节点作为active NameNode。首先格式化和启动active NameNode。

以root用户格式化active NameNode，命令如下：

```
[root@master data]#hdfs namenode-format
```

```
    24/08/06 13:37:43 INFO namenode.NameNode:STARTUP_MSG:
    /************************************************************
    STARTUP_MSG:Starting NameNode
    STARTUP_MSG:host=master/192.168.131.135
    STARTUP_MSG:args=[-format]
    STARTUP_MSG:version=2.7.1
    ......
    24/08/06 13:37:45 INFO util.GSet:Computing capacity for map
NameNodeRetryCache
    24/08/06 13:37:45 INFO util.GSet:VM type=64-bit
    24/08/06 13:37:45 INFO util.GSet:0.029999999329447746% max memory 966.7 MB=
297.0 KB
    24/08/06 13:37:45 INFO util.GSet:capacity=2^15=32768 entries
    24/08/06 13:37:46 INFO namenode.FSImage:Allocated new BlockPoolId:
BP-86239272-192.168.131.135-1722922666044
    24/08/06 13:37:46 INFO common.Storage:Storage directory/opt/hadoop/tmp/
hdfs/nn has been successfully formatted.
    24/08/06 13:37:46 INFO namenode.NNStorageRetentionManager:Going to
retain 1 images with txid >=0
    24/08/06 13:37:46 INFO util.ExitUtil:Exiting with status 0
    24/08/06 13:37:46 INFO namenode.NameNode:SHUTDOWN_MSG:
    /************************************************************
    SHUTDOWN_MSG:Shutting down NameNode at master/192.168.131.135
    ************************************************************/
```

格式化成功。

注意： 如果格式化失败，则需要先清空$HADOOP_HOME/tmp/hdfs和$HADOOP_HOME/tmp/log目录下的所有内容，再重新执行格式化操作。

4.5.2 格式化ZKFC

ZKFC是ZooKeeper Failover Controller的简称，其主要功能如下。

（1）监控NameNode的健康状态，如果NameNode运行正常，就向ZooKeeper定期发送心跳。

（2）当ZKFC被ZooKeeper选举为active节点时，通过RPC调用使相应的NameNode转换为active状态，从而实现NameNode的HA切换。

ZKFC的工作原理如图4-5所示。

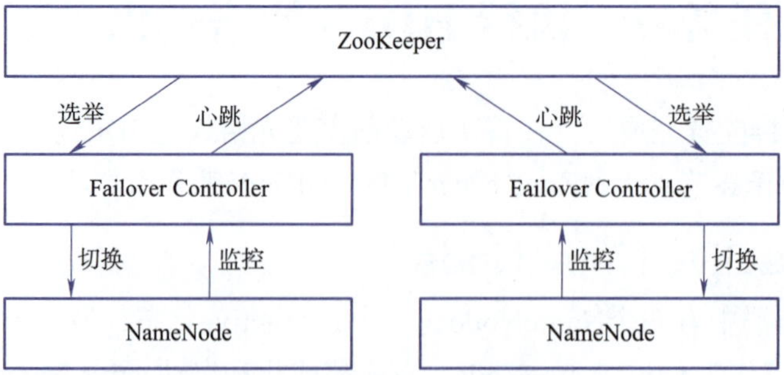

图 4-5 ZKFC 的工作原理

可以在任意一个NameNode上格式化ZKFC，此处选用master节点，即向ZooKeeper注册ZNode，为NameNodes配置故障自动转移，命令如下：

```
[root@master data]#hdfs zkfc-formatZK
24/08/06 13:44:23 INFO tools.DFSZKFailoverController:Failover controller configured for NameNode NameNode at master/192.168.131.135:8020
24/08/06 13:44:23 INFO zookeeper.ZooKeeper:Client environment:zookeeper.version=3.4.6-1569965,built on 02/20/2014 09:09 GMT
24/08/06 13:44:23 INFO zookeeper.ZooKeeper:Client environment:host.name=master
24/08/06 13:44:23 INFO zookeeper.ZooKeeper:Client environment:java.version=1.8.0_152
24/08/06 13:44:23 INFO zookeeper.ZooKeeper:Client environment:java.vendor=Oracle Corporation
24/08/06 13:44:23 INFO zookeeper.ZooKeeper:Client environment:java.home=/opt/java/jre
……
24/08/06 13:44:23 INFO zookeeper.ClientCnxn:Socket connection established to slave1/192.168.131.136:2181,initiating session
24/08/06 13:44:23 INFO zookeeper.ClientCnxn:Session establishment complete on server slave1/192.168.131.136:2181,sessionid=0x29125c2a8900000,negotiated timeout=30000
24/08/06 13:44:23 INFO ha.ActiveStandbyElector:Successfully created/hadoop-ha/mycluster in ZK.
24/08/06 13:44:23 INFO zookeeper.ZooKeeper:Session:0x29125c2a8900000 closed
24/08/06 13:44:23 WARN ha.ActiveStandbyElector:Ignoring stale result from old client with sessionId 0x29125c2a8900000
24/08/06 13:44:23 INFO zookeeper.ClientCnxn:EventThread shut down
```

格式化及注册成功。

4.5.3　启动HDFS

启动Hadoop HA集群的HDFS组件服务，包括NameNode进程、DataNode进程、JournalNode进程、FailoverController进程。当启动HDFS时，只需在master节点上执行即可，命令如下：

```
[root@master data]#start-dfs.sh                    # 启动 hdfs
# 启动两个 NameNode
Starting namenodes on [slave1 master]
slave1:starting namenode,logging to/opt/hadoop/logs/hadoop-root-namenode-slave1.out
master:starting namenode,logging to/opt/hadoop/logs/hadoop-root-namenode-master.out
# 启动三个 DataNode
master:starting datanode,logging to/opt/hadoop/logs/hadoop-root-datanode-master.out
slave1:starting datanode,logging to/opt/hadoop/logs/hadoop-root-datanode-slave1.out
slave2:starting datanode,logging to/opt/hadoop/logs/hadoop-root-datanode-slave2.out
# 启动三个 JournalNode
```

```
Starting journal nodes [master slave1 slave2]
slave1:journalnode running as process 1760. Stop it first.
master:journalnode running as process 1988. Stop it first.
slave2:journalnode running as process 1771. Stop it first.
#启动两个FailoverController
Starting ZK Failover Controllers on NN hosts [slave1 master]
slave1:starting zkfc,logging to/opt/hadoop/logs/hadoop-root-zkfc-slave1.out
master:starting zkfc,logging to/opt/hadoop/logs/hadoop-root-zkfc-master.out
```

启动成功。

4.5.4 启动YARN

启动Hadoop HA集群的YARN组件服务，包括ResourceManager进程、NodeManager进程。当启动YARN时，需要在master节点和slave1节点上分别执行。

1. 在master节点上启动YARN

启动YARN服务，命令如下：

```
[root@master data]#start-yarn.sh                          #启动 yarn
#启动一个ResourceManager
starting yarn daemons
starting resourcemanager,logging to/opt/hadoop/logs/yarn-root-resourcemanager-master.out
#启动三个NodeManager
slave1:starting nodemanager,logging to/opt/hadoop/logs/yarn-root-nodemanager-slave1.out
slave2:starting nodemanager,logging to/opt/hadoop/logs/yarn-root-nodemanager-slave2.out
master:starting nodemanager,logging to/opt/hadoop/logs/yarn-root-nodemanager-master.out
```

启动成功。

2. 在slave1节点上启动ResourceManager服务

因为在主节点上启动YARN服务时并未启动从节点上的ResourceManager服务，所以还需要在slave1节点上手动启动ResourceManager服务，命令如下：

```
[hadoop@slave1hadoop]$sbin/yarn-daemon.sh start resourcemanager
starting resourcemanager,logging to/usr/local/src/hadoop/logs/yarn-hadoop-resourcemanager-slave1.out
```

启动成功。

4.5.5 拷贝元数据启动standby NameNode

（1）在Hadoop HDFS中，NameNode是负责管理文件系统的命名空间以及客户端对文件的访问的组件。NameNode的元数据是HDFS集群中非常关键的数据，因为它包含了所有文件和目录的元数据信息，如文件名、目录结构、修改时间、权限等。为了保证NameNode的高可用性和数据冗余，Hadoop提供了多种机制来复制或同步NameNode的元数据，其中最常见的是使用NameNode高可用性配置，复制NameNode元数据到其他节点。

```
[root@master data]#scp -r /opt/hadoop/tmp/hdfs/nn/*slave1:/opt/hadoop/tmp/hdfs/nn/
VERSION                                   100% 206     312.8KB/s  00:00
seen_txid                                 100% 2       1.9KB/s    00:00
fsimage_0000000000000000000.md5           100% 62      172.5KB/s  00:00
fsimage_0000000000000000000               100% 351     916.7KB/s  00:00
edits_inprogress_0000000000000000001      100% 1024KB 14.9MB/s    00:00
in_use.lock                               100% 11      10.2KB/s   00:00
[root@master data]#scp -r /opt/hadoop/tmp/hdfs/nn/*slave2:/opt/hadoop/tmp/hdfs/nn/
VERSION                                   100% 206     303.1KB/s  00:00
seen_txid                                 100% 2       4.2KB/s    00:00
fsimage_0000000000000000000.md5           100% 62      104.4KB/s  00:00
fsimage_0000000000000000000               100% 351     573.6KB/s  00:00
edits_inprogress_0000000000000000001      100% 1024KB 21.7MB/s    00:00
in_use.lock                               100% 11      15.3KB/s   00:00
```

（2）在slave1启动ResourceManager和NameNode。

```
[root@slave1~]#yarn-daemon.sh start resourcemanager
starting resourcemanager,logging to/opt/hadoop/logs/yarn-root-resourcemanager-slave1.out
[root@slave1~]#hadoop-daemon.sh start namenode
starting namenode,logging to/opt/hadoop/logs/hadoop-root-namenode-slave1.out
```

4.5.6　启动MapReduce的历史服务器

MapReduce组件的历史服务器的作用是保存执行Job任务节点的执行日志，并将多个节点执行Map任务的日志和最终Reduce任务的日志聚合在一起。

在master节点上启动historyserver进程，命令如下：

```
[root@master data]#yarn-daemon.sh start proxyserver
starting proxyserver,logging to/opt/hadoop/logs/yarn-root-proxyserver-master.out
[root@master data]#mr-jobhistory-daemon.sh start historyserver
starting historyserver,logging to/opt/hadoop/logs/mapred-root-historyserver-master.out
```

启动成功。

视频

Hadoop集群搭建、进程查看及运行测试

任务六　验证启动后状态

4.6.1　查看进程

通过命令行查看三个节点上的服务是否都已正常启动。

查看master节点的Java进程，命令如下：

```
[root@master data]#jps
3009 ResourceManager
```

```
1988 JournalNode
1526 QuorumPeerMain
2904 DFSZKFailoverController
3113 NodeManager
3594 Jps
2621 DataNode
2494 NameNode
3519 JobHistoryServer
```

查看slave1节点的Java进程，命令如下：

```
[root@slave1~]#jps
1760 JournalNode
2288 DFSZKFailoverController
2566 NameNode
2360 NodeManager
2169 DataNode
1466 QuorumPeerMain
2730 Jps
2509 ResourceManager
```

查看slave2节点的Java进程，命令如下：

```
[root@slave2~]#jps
1473 QuorumPeerMain
2388 Jps
2250 NodeManager
1771 JournalNode
2124 DataNode
```

验证成功。

4.6.2 查看端口

通过Web访问查看三个节点上的服务是否都已正常启动。

查看master节点的50070端口，如图4-6所示。

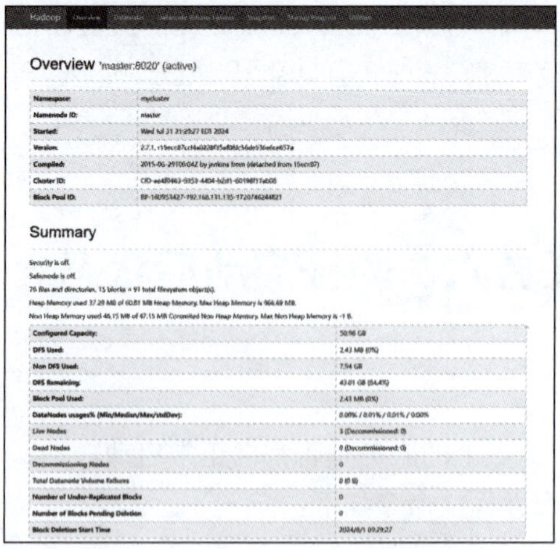

图 4-6 master 节点的 50070 端口

查看slave1节点的50070端口，如图4-7所示。

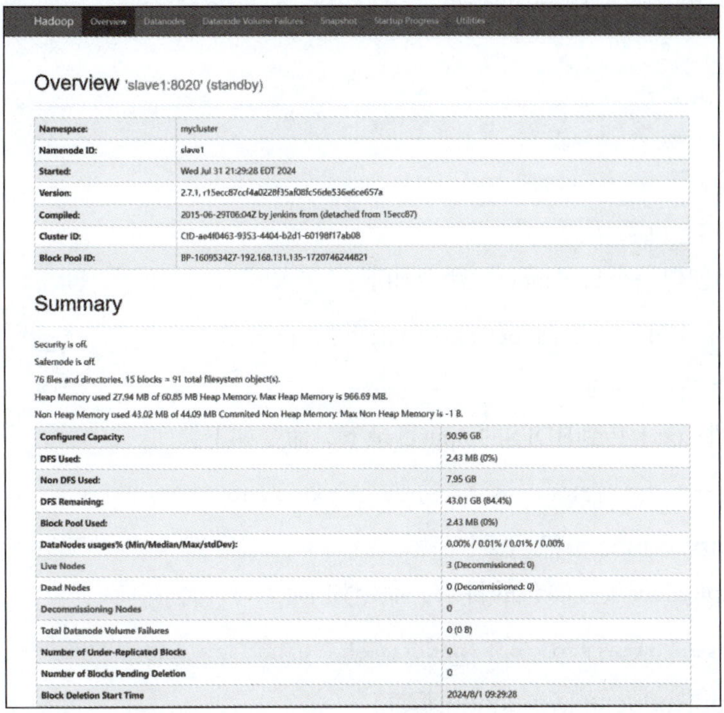

图 4-7　slave1 节点的 50070 端口

查看master节点的8088端口，如图4-8所示。

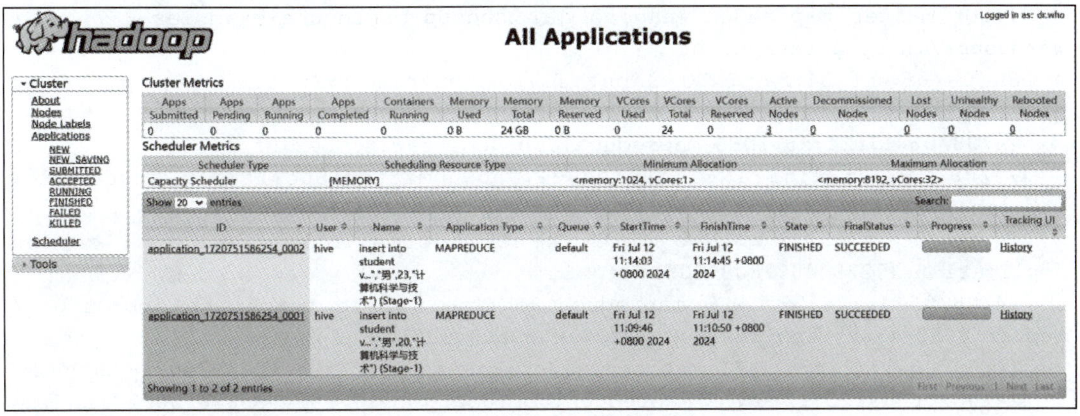

图 4-8　master 节点的 8088 端口

验证成功。

4.6.3　运行测试

HDFS和MapReduce的运行测试步骤如下。

1. 创建一个测试文件

在本地创建一个测试文件a.txt，命令如下：

```
[root@master data]#cd /data
[root@master data]#vim a.txt
```

内容如下：

```
Hello  World
Hello  Hadoop
```

保存并退出。

2. 在HDFS上创建目录

在HDFS上创建一个目录input，命令如下：

```
[root@master data]#hadoop fs -mkdir /input
```

3. 上传文件到HDFS

将本地文件a.txt上传到HDFS的input目录下，命令如下：

```
[root@master data]#hadoop fs -put a.txt /input
```

4. 进入MapReducejar包目录

切换到MapReduce放置jar包的目录，命令如下：

```
[root@master data]#cd /opt/hadoop/share/hadoop/mapreduce/
```

5. 运行MapReduce的wordcount程序

运行MapReduce的wordcount程序，读取a.txt文件中的单词，统计每个单词出现的频数，并将结果输出到HDFS的output目录下，命令如下：

```
[root@master mapreduce]#hadoop jar hadoop-mapreduce-examples-2.7.1.jar
wordcount/input/a.txt/output
24/08/06 17:24:54 INFO input.FileInputFormat:Total input paths to
process:1
24/08/06 17:24:55 INFO mapreduce.JobSubmitter:number of splits:1
24/08/06 17:24:55 INFO mapreduce.JobSubmitter:Submitting tokens for
job:job_1722934093808_0001
24/08/06 17:24:56 INFO impl.YarnClientImpl:Submitted application
application_1722934093808_0001
24/08/06 17:24:56 INFO mapreduce.Job:The url to track the job:http://
master:8088/proxy/application_1722934093808_0001/
24/08/06 17:24:56 INFO mapreduce.Job:Running job:job_1722934093808_0001
24/08/06 17:25:12 INFO mapreduce.Job:Job job_1722934093808_0001 running
in uber mode :false
24/08/06 17:25:13 INFO mapreduce.Job:map 0% reduce 0%
24/08/06 17:25:25 INFO mapreduce.Job:map 100% reduce 0%
24/08/06 17:25:31 INFO mapreduce.Job:map 100% reduce 100%
24/08/06 17:25:32 INFO mapreduce.Job:Job job_1722934093808_0001
completed successfully
24/08/06 17:25:32 INFO mapreduce.Job:Counters:49
    File System Counters
        FILE:Number of bytes read=43
        FILE:Number of bytes written=236135
```

```
        FILE:Number of read operations=0
        FILE:Number of large read operations=0
        FILE:Number of write operations=0
        HDFS:Number of bytes read=120
        HDFS:Number of bytes written=25
        HDFS:Number of read operations=6
        HDFS:Number of large read operations=0
        HDFS:Number of write operations=2
    Job Counters
        Launched map tasks=1
        Launched reduce tasks=1
        Data-local map tasks=1
        Total time spent by all maps in occupied slots(ms)=9454
        Total time spent by all reduces in occupied slots(ms)=3630
        Total time spent by all map tasks(ms)=9454
        Total time spent by all reduce tasks(ms)=3630
        Total vcore-seconds taken by all map tasks=9454
        Total vcore-seconds taken by all reduce tasks=3630
        Total megabyte-seconds taken by all map tasks=9680896
        Total megabyte-seconds taken by all reduce tasks=3717120
    Map-Reduce Framework
        Map input records=2
        Map output records=4
        Map output bytes=41
        Map output materialized bytes=43
        Input split bytes=93
        Combine input records=4
        Combine output records=3
        Reduce input groups=3
        Reduce shuffle bytes=43
        Reduce input records=3
        Reduce output records=3
        Spilled Records=6
        Shuffled Maps=1
        Failed Shuffles=0
        Merged Map outputs=1
        GC time elapsed(ms)=189
        CPU time spent(ms)=2880
        Physical memory(bytes)snapshot=308076544
        Virtual memory(bytes)snapshot=4200292352
        Total committed heap usage(bytes)=165810176
    Shuffle Errors
        BAD_ID=0
        CONNECTION=0
        IO_ERROR=0
        WRONG_LENGTH=0
        WRONG_MAP=0
        WRONG_REDUCE=0
    File Input Format Counters
        Bytes Read=27
    File Output Format Counters
        Bytes Written=25
```

运行成功。

在HDFS的output中查看运行结果，命令如下：

```
[root@master mapreduce]#hadoop fs -ls-R /output
-rw-r--r--2 root supergroup  0 2024-08-06 17:25/output/_SUCCESS
-rw-r--r--2 root supergroup  25 2024-08-06 17:25/output/part-r-00000
[root@master mapreduce]#hadoop fs-cat/output/part-r-00000
Hadoop    1
Hello     2
World     1
```

测试成功。

任务七　了解 Hadoop HA 集群的主备切换

视 频

Hadoop HA集群的主备切换及ZKFC详解

4.7.1 Hadoop HA集群的切换机制

Hadoop HA的作用就是一旦集群中的active NameNode发生故障，standby NameNode可以实时切换上去，代替原先的active NameNode继续运行，从而保证整个集群安全、可靠地持续运行。Hadoop HA集群的主备切换过程是由ZKFC控制的，NameNode的主备切换过程主要由ZKFC、HealthMonitor和ActiveStandbyElector三个组件协同完成。Hadoop HA集群的主备切换过程如图4-9所示。

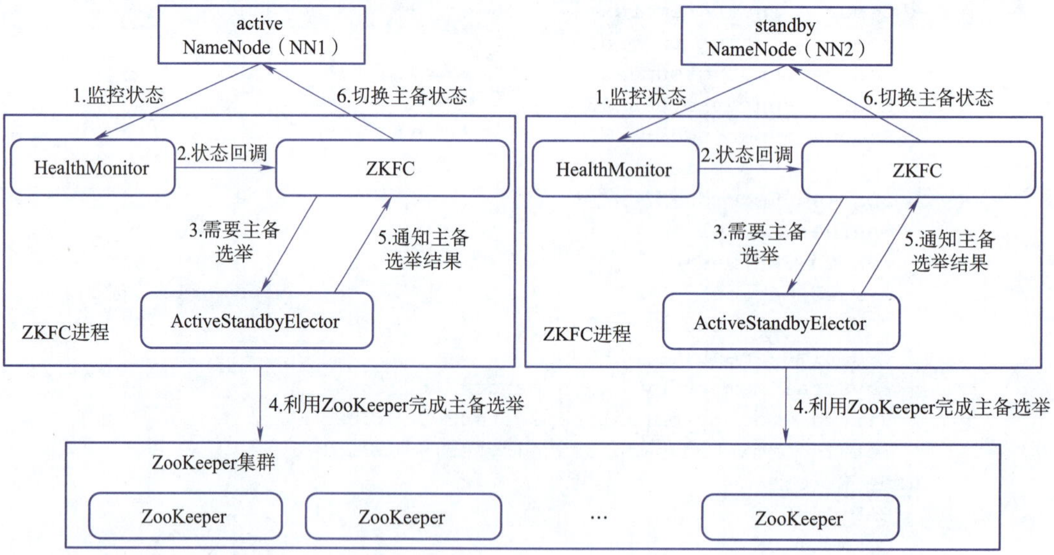

图 4-9　Hadoop HA 集群的主备切换过程

ZKFC作为NameNode机器上一个独立的进程进行启动，启动的时候会创建HealthMonitor和ActiveStandbyElector这两个主要的内部组件，在创建的同时，ZKFC会注册相应的回调方法。

HealthMonitor主要负责检测NameNode的健康状态，如果检测到状态发生变化，则会回调ZKFC的相应方法进行自动的主备选举。

ActiveStandbyElector主要负责完成自动的主备选举，其内部封装了ZooKeeper的处理逻辑，一旦ZooKeeper主备选举完成，ActiveStandbyElector就会回调ZKFC的相应方法进行NameNode的主备状态切换。

Hadoop HA集群的主备切换一般分为手动切换和自动切换两种方式。下面几种场景可能会触发Hadoop HA集群的主备切换。

（1）active NameNode JVM崩溃：此时active NameNode上的HealthMonitor状态会停止上报，会触发状态迁移至SERVICE_NOT_RESPONDING，然后active NameNode的ZKFC会退出选举，standby NameNode会获得active lock，成为active节点。

（2）active NameNode宕机。

（3）active NameNode健康状态异常。

（4）active ZKFC崩溃。

（5）ZooKeeper崩溃。

4.7.2 自动切换测试

主备NameNode之间的自动切换：模拟active NameNode（master）宕机，然后查看standby NameNode（slave1）是否已经切换成功，集群是否能够正常运行。

1. 重启active NameNode

停止active NameNode（master）进程，命令如下：

```
[root@master mapreduce]#hadoop-daemon.sh stop namenode
stopping namenode
```

重新启动active NameNode进程，命令如下：

```
[root@master mapreduce]#hadoop-daemon.sh start namenode
starting namenode,logging to/opt/hadoop/logs/hadoop-root-namenode-
master.out
```

2. 查看状态

由于原先的active NameNode（master）发生了重启，所以现在的active NameNode应该切换成了standby NameNode。

查看两个NameNode切换后的状态，命令如下：

```
[root@master mapreduce]#hdfs haadmin-getServiceState master
standby
```

由上可见，原先的active NameNode已切换成了standby NameNode。

```
[root@master mapreduce]#hdfs haadmin-getServiceState slave1
active
```

由上可见，原先的standby NameNode已切换成了active NameNode。

3. 查看Web

查看master节点的50070端口，如图4-10所示，已切换为standby状态。

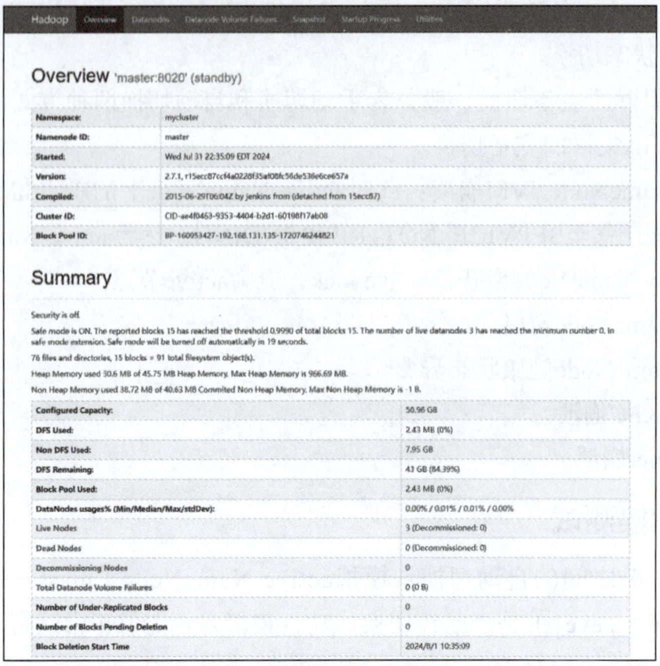

图 4-10　master 节点的 50070 端口

查看slave1节点的50070端口，如图4-11所示，已切换为active状态。

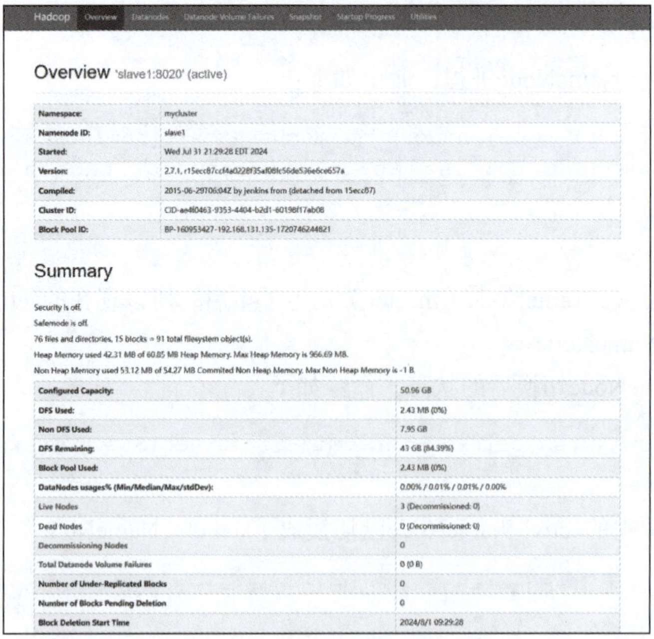

图 4-11　slave1 节点的 50070 端口

自动切换测试成功。

项目五

安装与配置 Hive 组件

Hive组件是Hadoop大数据分析平台的重要组成部分。通过Hive组件可以使用SQL语句对简单的数据进行分析处理。本项目主要介绍Hive组件的相关知识和应用，Hive组件的安装、配置、格式化和启动等内容。

视频

Hive的详细介绍及其优缺点分析

任务一　学习 Hive 相关知识

Hive是基于Hadoop的数据仓库工具，可以用来对HDFS中存储的数据进行查询和分析。Hive能够将HDFS上结构化的数据文件映射为数据库表，并提供SQL查询功能，将SQL语句转变成MapReduce任务来执行。Hive通过简单的SQL语句实现快速调用MapReduce机制来进行数据统计分析，因此不必专门开发MapReduce应用程序即可实现大数据分析。

Hive对存储在HDFS中的数据进行分析和管理，它可以将结构化的数据文件映射为一张数据库表，通过SQL查询分析需要的内容，查询Hive使用的SQL语句，简称HiveSQL（HQL）。Hive的运行机制使不熟悉MapReduce的用户也能很方便地利用SQL语句对数据进行查询、汇总、分析。同时，Hive也允许熟悉MapReduce的开发者们开发自定义的Mappers和Reducers来处理内建的Mappers与Reducers无法完成的复杂的分析工作。Hive还允许用户编写自己定义的函数UDF，用来在查询中使用。

1. Hive的主要优点

（1）简单、容易上手。提供了类SQL的查询语言HQL。

（2）可扩展性强。为超大数据集设计了计算/扩展能力（MR作为计算引擎，HDFS作为存储系统）。

（3）不需要重启服务Hive即可自由地扩展集群计算节点的规模。

（4）提供统一的元数据管理。

（5）延展性强。Hive支持用户自定义函数，用户可以根据自己的需求来编写功能函数，在Hive中实现调用，扩展Hive的计算能力。

（6）容错性强。Hive具有良好的容错性，某个或某几个计算节点出现故障时，Hive仍可利用其他正常的计算节点完成计算任务执行。

2. Hive的主要局限性

（1）Hive的HQL表达能力有限，更适用于完成基础的数据分析任务。

（2）Hive的效率比较低。

（3）Hive调优比较困难，可优化程度不高。

（4）Hive计算过程可控性差。

任务二 了解Hive组件架构

1. Hive与Hadoop的关系

Hive构建在Hadoop之上，HQL中对查询语句的解释、优化、生成查询计划是由Hive完成的。Hive读取的所有数据都存储在Hadoop文件系统中。Hive查询计划被转化为MapReduce任务，在Hadoop中执行。

2. Hive与数据库的异同

由于Hive采用了SQL的查询语言HQL，因此很容易将Hive理解为数据库。其实从结构上来看，Hive和数据库除了拥有类似的查询语句，再无类似之处。MapReduce开发人员可以把自己写的Mapper和Reducer作为插件支持Hive做更复杂的数据分析。它与关系型数据库的SQL略有不同，但支持了绝大多数的语句（如DDL、DML）及常见的聚合函数、连接查询、条件查询等操作。

Hive不适合用于联机（online）事务处理，也不提供实时查询功能。它最适合应用在基于大量不可变数据的批处理作业。Hive的特点是可伸缩（在Hadoop的集群上动态地添加设备），可扩展、容错、输入格式的松散耦合。Hive的入口是Driver，执行的SQL语句首先提交到Driver驱动，然后调用Compiler解释驱动，最终解释成MapReduce任务执行，最后将结果返回。

3. Hive体系结构

Hive体系结构如图5-1所示。Hive的体系结构可以分为以下几部分：

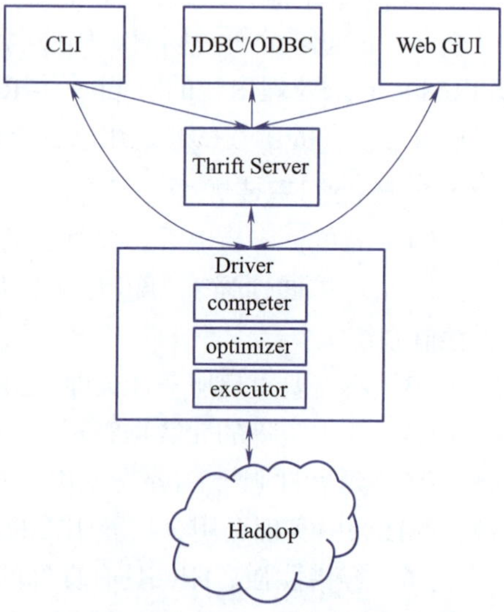

图5-1 Hive体系结构

（1）用户接口主要有三个：CLI、JDBC/ODBC和Web GUI。其中最常用的是CLI，CLI启动时，会同时启动一个Hive副本。Client是Hive的客户端，用户连接至HiveServer。在启动Client模式时，需要指出HiveServer所在节点，并且在该节点启动HiveServer。WUI通过浏览器访问Hive。

（2）Hive将元数据存储在数据库中，如MySQL、Derby。Hive中的元数据包括表的名字、表的列和分区及其属性、表的属性（是否为外部表等）、表的数据所在目录等。

（3）解释器、编译器、优化器对HQL查询语句进行词法分析、语法分析和编译优化，并生成查询计划。生成的查询计划存储在HDFS中，并在随后由MapReduce调用执行。

（4）Hive的数据存储在HDFS中，大部分的查询、计算由MapReduce完成。

视　频

Hive组件安装与配置

任务三　下载和解压安装 Hive

5.3.1　基础环境和安装准备

Hive组件需要基于Hadoop系统进行安装。因此，在安装Hive组件前，需要确保Hadoop系统能够正常运行。本节内容是基于之前已部署完毕的Hadoop全分布系统，在master节点上实现Hive组件安装。

Hive组件的部署规划和软件包路径如下。

（1）当前环境中已安装Hadoop全分布系统。

（2）本地安装MySQL数据库（账号为root，密码为Password123$），软件包在/data/mysql-5.7.18路径下。

（3）MySQL端口号（3306）。

（4）MySQL的JDBC驱动包/data/mysql-connector-java-5.1.46.jar，在此基础上更新Hive元数据存储。

（5）Hive软件包/data/apache-hive-2.0.0-bin.tar.gz。

5.3.2　解压安装文件

（1）使用root用户，将Hive安装包/data/apache-hive-2.0.0-bin.tar.gz解压到/opt路径下。

```
[root@master data]#tar -zxvf /data/apache-hive-2.0.0-bin.tar.gz -C /opt
```

（2）将解压后的apache-hive-2.0.0-bin文件夹更名为hive。

```
[root@master data]#mv /opt/apache-hive-2.0.0-bin /opt/hive
```

任务四　设置 Hive 环境

5.4.1　卸载MariaDB数据库

Hive元数据存储在MySQL数据库中，因此在部署Hive组件前需要首先在Linux操作系统下安装MySQL数据库，并进行MySQL字符集、安全初始化、远程访问权限等相关配置。需要使用root用户登录，执行如下操作步骤。

（1）关闭Linux操作系统防火墙，并将防火墙设定为系统开机并不自动启动。

```
[root@master data]#systemctl stop firewalld.service        #关闭防火墙
[root@master data]#systemctl disable firewalld.service     #禁止防火墙开机启动
Removed symlink/etc/systemd/system/multi-user.target.wants/firewalld.service.
Removed symlink/etc/systemd/system/dbus-org.fedoraproject.FirewallD1.service.
```

（2）卸载Linux操作系统自带的MariaDB。

①查看Linux操作系统中MariaDB的安装情况。

```
[root@master data]#rpm -qa | grep mariadb  #查询已安装的MariaDB软件包
mariadb-libs-5.5.68-1.el7.x86_64
```

以上结果显示Linux操作系统中已经安装了mariadb-libs-5.5.68-1.el7.x86_64软件包，需要将其卸载。

②卸载MariaDB软件包。

```
[root@master data]#rpm -e --nodeps mariadb-libs-5.5.68-1.el7.x86_64
#卸载MariaDB软件包
```

5.4.2 安装MySQL数据库

（1）按如下顺序依次安装MySQL数据库的mysql common、mysql libs、mysql client软件包。

```
[root@master data]#cd/data/mysql-5.7.18/
[root@master mysql-5.7.18]#rpm -ivh mysql-community-common-5.7.18-1.el7.x86_64.rpm
警告：mysql-community-common-5.7.18-1.el7.x86_64.rpm：头V3 DSA/SHA1 Signature，密钥ID 5072e1f5:NOKEY
准备中...                          ###################################[100%]
正在升级/安装...
   1:mysql-community-common-5.7.18-1.e
                                   ###################################[100%]
[root@master mysql-5.7.18]#rpm -ivh mysql-community-libs-5.7.18-1.el7.x86_64.rpm
警告：mysql-community-libs-5.7.18-1.el7.x86_64.rpm：头V3 DSA/SHA1 Signature，密钥ID 5072e1f5:NOKEY
准备中...                          ###################################[100%]
正在升级/安装...
   1:mysql-community-libs-5.7.18-1.el7
                                   ###################################[100%]
[root@master mysql-5.7.18]#rpm -ivh mysql-community-client-5.7.18-1.el7.x86_64.rpm
警告：mysql-community-client-5.7.18-1.el7.x86_64.rpm：头V3 DSA/SHA1 Signature，密钥ID 5072e1f5:NOKEY
准备中...                          ###################################[100%]
正在升级/安装...
   1:mysql-community-client-5.7.18-1.e
                                   ###################################[100%]
```

（2）安装MySQL Server软件的两个依赖软件包。

```
[root@master mysql-5.7.18]#yum install net-tools
[root@master mysql-5.7.18]#yum install perl
```

（3）安装MySQL Server软件包。

```
[root@master mysql-5.7.18]#rpm -ivh mysql-community-server-5.7.18-1.el7.x86_64.rpm
```

```
    警告：mysql-community-server-5.7.18-1.el7.x86_64.rpm：头 V3 DSA/SHA1 Signature，
密钥 ID 5072e1f5：NOKEY
    准备中 ...                              ###################################[100%]
    正在升级 / 安装 ...
       1:mysql-community-server-5.7.18-1.e
                                            ###################################[100%]
```

（4）修改MySQL数据库配置，在/etc/my.cnf文件中添加表5-1所示的MySQL数据库配置项。

表 5-1　MySQL 数据库配置项

字　段	配 置 值	字段说明
default-storage-engine	innodb	设置 innodb 为默认的存储引擎
innodb_file_per_table	1	设置每个表的数据单独保存，而不是统一保存在 innodb 系统表空间中。单独保存有方便管理和提升性能两方面优势
collation-server	utf8_general_ci	设置支持中文编码字符集
init-connect	SET NAMES utf8	设置用户登录到数据库之后，在执行第一次查询之前执行 SETNAMES utf8 命令，将使用的字符编码设定为 utf8
character-set-server	utf8	将 MySQL 服务器字符集设定为 utf8

将以下配置信息添加到/etc/my.cnf文件symbolic-links=0配置信息的下方。

```
default-storage-engine=innodb
innodb_file_per_table
collation-server=utf8_general_ci
init-connect='SET NAMES utf8'
character-set-server=utf8
```

添加完成后完整的/etc/my.cnf文件内容如下。

```
[root@master mysql-5.7.18]#vim /etc/my.cnf
#For advice on how to change settings please see
#http://dev.mysql.com/doc/refman/5.7/en/server-configuration-defaults.html
[mysqld]
#Remove leading #and set to the amount of RAM for the most important data
#cache in MySQL. Start at 70% of total RAM for dedicated server,else 10%.
#innodb_buffer_pool_size=128M
#Remove leading #to turn on a very important data integrity option:logging
#changes to the binary log between backups.
#log_bin
#Remove leading #to set options mainly useful for reporting servers.
#The server defaults are faster for transactions and fast SELECTs.
#Adjust sizes as needed,experiment to find the optimal values.
#join_buffer_size=128M
#sort_buffer_size=2M
#read_rnd_buffer_size=2M
datadir=/var/lib/mysql
socket=/var/lib/mysql/mysql.sock
#Disabling symbolic-links is recommended to prevent assorted security risks
symbolic-links=0
```

```
default-storage-engine=innodb                          # 存储引擎
innodb_file_per_table                                  # 表数据单独保存
collation-server=utf8_general_ci                       # 支持中文编码字符集
init-connect='SET NAMES utf8'                          # 登录后自动执行的第一行代码
character-set-server=utf8                              # 服务器字符集
log-error=/var/log/mysqld.log
pid-file=/var/run/mysqld/mysqld.pid
```

（5）启动MySQL数据库。

```
[root@master~]#systemctl start mysqld       # 开启 MySQL 服务器
```

（6）查询MySQL数据库状态。mysqld进程状态为active（running），则表示MySQL数据库正常运行。

如果mysqld进程状态为failed，则表示MySQL数据库启动异常。此时需要排查/etc/my.cnf文件。

```
[root@master~]#systemctl status mysqld
●mysqld.service-MySQL Server
Loaded:loaded(/usr/lib/systemd/system/mysqld.service;enabled;vendor
preset:disabled)
Active:active(running)since 2024-08-07 15:13:05 CST;50s ago
       Docs:man:mysqld(8)
            http://dev.mysql.com/doc/refman/en/using-systemd.html
Process:1945 ExecStart=/usr/sbin/mysqld--daemonize--pid-file=/var/run/
mysqld/mysqld.pid $MYSQLD_OPTS(code=exited,status=0/SUCCESS)
Process:1872 ExecStartPre=/usr/bin/mysqld_pre_systemd(code=exited,status=0/
SUCCESS)
Main PID:1948(mysqld)
CGroup:/system.slice/mysqld.service
          └─1948/usr/sbin/mysqld--daemonize--pid-file=/var/run/mysqld/
mysqld...
8月07 15:13:00 master systemd[1]:Starting MySQL Server...
8月07 15:13:05 master systemd[1]:Started MySQL Server.
```

（7）查询MySQL数据库默认密码。MySQL数据库安装后的默认密码保存在/var/log/mysqld.log文件中，在该文件中以password关键字搜索默认密码。

```
[root@master~]#cat /var/log/mysqld.log | grep password    # 查看默认初始生成的密码
2024-08-07T07:13:01.671970Z 1 [Note] A temporary password is generated
for root@localhost:6q_hd5weuusF                           # 默认密码为 6q_hd5weuusF
```

MySQL数据库是安装后随机生成的，所以每次安装后生成的默认密码不相同。

（8）MySQL数据库初始化。执行mysql_secure_installation命令初始化MySQL数据库，初始化过程中需要设定数据库root用户登录密码，密码需符合安全规则，包括大小写字符数字和特殊符号，可设定密码为Password123$。

在进行MySQL数据库初始化过程中会出现以下交互确认信息：

①Change the password for root ?（Press y|Y for Yes，any other key for No），意思为“是否更改root用户密码？（按y|Y键表示是，按其他键表示否）”。通过键盘输入y并按【Enter】键。

②Do you wish to continue with the password provided?（Press y|Y for Yes，any other key for No），意思为“是否继续使用设定的密码?（按y|Y键表示是，按其他键表示否）”。通过键盘输入y并按【Enter】键。

③Remove anonymous users?（Press y|Y for Yes，any other key for No），意思为“是否删除匿名用户?（按y|Y键表示是，按其他键表示否）”。通过键盘输入y并按【Enter】键。

④Disallow root login remotely?（Press y|Y for Yes，any other key for No），意思为“是否拒绝root用户远程登录?（按y|Y键表示是，按其他键表示否）”。通过键盘输入n并按【Enter】键，表示允许root用户远程登录。

⑤Remove test database and access to it?（Press y|Y for Yes，any other key for No），意思为“是否删除测试数据库?（按y|Y键表示是，按其他键表示否）”。通过键盘输入y并按【Enter】键。

⑥Reload privilege tables now?（Press y|Y for Yes，any other key for No），意思为“是否重新加载授权表?（按y|Y键表示是，按其他键表示否）”。通过键盘输入y并按【Enter】键。

mysql_secure_installation命令执行过程如下：

```
[root@master~]#mysql_secure_installation
Securing the MySQL server deployment.
Enter  password for user root:   # 输入 /var/log/mysqld.log 文件中查询到的默认 root 用户登录密码
The existing password for the user account root has expired. Please set a new password.
New password:                    # 输入新密码 Password123$
Re-enter new password:           # 再次输入新密码 Password123$
The 'validate_password' plugin is installed on the server.
The subsequent steps will run with the existing configuration
of the plugin.
Using existing password for root.
Estimated strength of the password:100
Change the password for root ?((Press y|Y for Yes,any other key for No):y                        # 输入 y
New password:                    # 输入新密码 Password123$
Re-enter new password:           # 再次输入新密码 Password123$
Estimated strength of the password:100
Do you wish to continue with the password provided?(Press y|Y for Yes,any other key for No):y    # 输入 y
By default,a MySQL installation has an anonymous user,
allowing anyone to log into MySQL without having to have
a user account created for them. This is intended only for
testing,and to make the installation go a bit smoother.
You should remove them before moving into a production
environment.
Remove anonymous users?(Press y|Y for Yes,any other key for No):y
                                 # 输入 y
Success.
Normally,root should only be allowed to connect from
'localhost'. This ensures that someone cannot guess at
the root password from the network.
```

```
    Disallow root login remotely?(Press y|Y for Yes,any other key for No):n
                                                            # 输入 n
    ... skipping.
    By default,MySQL comes with a database named 'test' that
    anyone can access. This is also intended only for testing,
    and should be removed before moving into a production
    environment.
    Remove test database and access to it?(Press y|Y for Yes,any other key
for No):y                                                   # 输入 y
    -Dropping test database...
    Success.
    -Removing privileges on test database...
    Success.
    Reloading the privilege tables will ensure that all changes
    made so far will take effect immediately.
    Reload privilege tables now?(Press y|Y for Yes,any other key for No):y
                                                            # 输入 y
    Success.
    All done!
```

（9）新建Hive用户与元数据。

create database hive_db：新建hive_db数据库作为Hive的元数据存储地址。

create user hive identified by 'Password123$'：创建Hive访问用户，用户名为hive，密码为hive。

grant all privileges on *.* to hive@'%' identified by 'Password123$' with grant option：grant权限1,权限2,…权限n on数据库名称.表名称to用户名@用户地址。赋予hive用户对所有数据库所有表的所有权限且任何地址都能建立连接“%”，并具有授予权。

flush privileges：刷新MySQL的系统权限相关表。

新建用户命令执行过程如下：

```
    [root@master~]#mysql -uroot -pPassword123$
    Enter password:
    Welcome to the MySQL monitor. Commands end with;or\g.
    Your MySQL connection id is 6
    Server version:5.7.18 MySQL Community Server(GPL)
    Copyright(c)2000,2017,Oracle and/or its affiliates. All rights reserved.
    Oracle is a registered trademark of Oracle Corporation and/or its
    affiliates. Other names may be trademarks of their respective
    owners.
    Type 'help;' or '\h' for help. Type '\c' to clear the current input statement.
    mysql>create database hive_db;
    Query OK,1 row affected(0.00 sec)
    mysql>create user hive identified by 'Password123$';
    Query OK,0 rows affected(0.01 sec)
    mysql>grant all privileges on *.* to hive@'%' identified by
'Password123$' with grant option;
    Query OK,0 rows affected,1 warning(0.00 sec)
    mysql>flush privileges;
    Query OK,0 rows affected(0.00 sec)
```

5.4.3　配置Hive组件

（1）设置Hive环境变量并使其生效。

```
[root@master~]#vim /etc/profile
#hive
export HIVE_HOME=/opt/hive                      #Hive 安装目录
export PATH=$HIVE_HOME/bin:$PATH                # 添加将 Hive 的 bin 目录
export HIVE_CONF_DIR=$HIVE_HOME/conf            #Hive 的环境变量
[root@master~]#source /etc/profile
```

（2）修改Hive组件配置文件。

将/opt/hive文件夹下hive-default.xml.template文件更名为hive-site.xml。

```
[root@master~]#cp /opt/hive/conf/hive-default.xml.template /opt/hive/
conf/hive-site.xml
```

（3）通过vim编辑器修改hive-site.xml文件实现Hive连接MySQL数据库，并设定Hive临时文件存储路径。

```
[root@master~]#vim /opt/hive/conf/hive-site.xml
```

①设置MySQL数据库连接。

```
<property>
    <name>javax.jdo.option.ConnectionURL</name>
    <value>jdbc:mysql://master:3306/hive_db?createDatabaseIfNotExist=tru
e</value>
</property>
```

②配置数据库用户名javax.jdo.option.ConnectionUserName为hive。

```
<property>
    <name>javax.jdo.option.ConnectionUserName</name>
    <value>hive</value>
</property>
```

③配置MySQL数据库hive的密码。

```
<property>
    <name>javax.jdo.option.ConnectionPassword</name>
    <value>Password123$</value>
</property>
```

④验证元数据存储版本一致性。默认false，不用修改。

```
<property>
    <name>hive.metastore.schema.verification</name>
    <value>false</value>
</property>
```

⑤配置数据库驱动。

```
<property>
    <name>javax.jdo.option.ConnectionDriverName</name>
    <value>com.mysql.jdbc.Driver</value>
```

```
</property>
```

⑥设置相关文件存储目录。

需要替换以下四处配置内容：

```
<property>
    <name>hive.downloaded.resources.dir</name>
    <value>/opt/hive/tmp</value>
</property>
<property>
    <name>hive.exec.local.scratchdir</name>
    <value>/opt/hive/tmp/${hive.session.id}_resources</value>
</property>
<property>
    <name>hive.querylog.location</name>
    <value>/opt/hive/tmp</value>
</property>
<property>
    <name>hive.server2.logging.operation.log.location</name>
    <value>/opt/hive/tmp/operation_logs</value>
</property>
```

（4）通过vim编辑器修改hive-env.xml文件实现设置Hive和Hadoop环境变量，这些变量可以使用控制Hive的执行：

```
[root@master~]#cp /opt/hive/conf/hive-env.sh.template /opt/hive/conf/hive-env.sh
[root@master~]#vim /opt/hive/conf/hive-env.sh
```

添加如下配置：

```
#Set JAVA
export JAVA_HOME=/opt/java
#Set HADOOP_HOME to point to a specific hadoop install directory
export HADOOP_HOME=/opt/hadoop
#Hive Configuration Directory can be controlled by:
export HIVE_CONF_DIR=/opt/hive/conf
#Folder containing extra ibraries required for hive compilation/execution can be controlled by:
export HIVE_AUX_JARS_PATH=/opt/hive/lib
```

至此，Hive组件安装和配置完成。

视频

Hive与Hadoop相关进程启动及Hive元数据初始化指南

任务五　初始化 Hive 元数据

（1）将MySQL数据库驱动文件/data/mysql-connector-java-5.1.46.jar复制到Hive安装目录的/opt/hive/lib目录下。

```
[root@master~]#cp /data/mysql-connector-java-5.1.46.jar /opt/hive/lib/
```

（2）启动Hadoop相关进程。

①三台节点启动zookeeper。

a.master节点：

```
[root@master~]#zkServer.sh start
ZooKeeper JMX enabled by default
Using config:/opt/zookeeper/bin/../conf/zoo.cfg
Starting zookeeper ... STARTED
[root@master~]#zkServer.sh status
ZooKeeper JMX enabled by default
Using config:/opt/zookeeper/bin/../conf/zoo.cfg
Mode:follower
```

b.slave1节点:

```
[root@slave1~]#zkServer.sh start
ZooKeeper JMX enabled by default
Using config:/opt/zookeeper/bin/../conf/zoo.cfg
Starting zookeeper ... STARTED
[root@slave1~]#zkServer.sh status
ZooKeeper JMX enabled by default
Using config:/opt/zookeeper/bin/../conf/zoo.cfg
Mode:follower
```

c.slave2节点：

```
[root@slave2~]#zkServer.sh start
ZooKeeper JMX enabled by default
Using config:/opt/zookeeper/bin/../conf/zoo.cfg
Starting zookeeper ... STARTED
[root@slave2~]#zkServer.sh status
ZooKeeper JMX enabled by default
Using config:/opt/zookeeper/bin/../conf/zoo.cfg
Mode:leader
```

②master节点启动Hadoop进程。

```
[root@master~]#start-all.sh
This script is Deprecated. Instead use start-dfs.sh and start-yarn.sh
Starting namenodes on [slave1 master]
master:starting namenode,logging to/opt/hadoop/logs/hadoop-root-namenode-master.out
slave1:starting namenode,logging to/opt/hadoop/logs/hadoop-root-namenode-slave1.out
slave1:starting datanode,logging to/opt/hadoop/logs/hadoop-root-datanode-slave1.out
master:starting datanode,logging to/opt/hadoop/logs/hadoop-root-datanode-master.out
slave2:starting datanode,logging to/opt/hadoop/logs/hadoop-root-datanode-slave2.out
Starting journal nodes [master slave1 slave2]
master:starting journalnode,logging to/opt/hadoop/logs/hadoop-root-journalnode-master.out
```

```
slave2:starting journalnode,logging to/opt/hadoop/logs/hadoop-root-journalnode-slave2.out
slave1:starting journalnode,logging to/opt/hadoop/logs/hadoop-root-journalnode-slave1.out
Starting ZK Failover Controllers on NN hosts [slave1 master]
master:starting zkfc,logging to/opt/hadoop/logs/hadoop-root-zkfc-master.out
slave1:starting zkfc,logging to/opt/hadoop/logs/hadoop-root-zkfc-slave1.out
starting yarn daemons
starting resourcemanager,logging to/opt/hadoop/logs/yarn-root-resourcemanager-master.out
slave2:starting nodemanager,logging to/opt/hadoop/logs/yarn-root-nodemanager-slave2.out
slave1:starting nodemanager,logging to/opt/hadoop/logs/yarn-root-nodemanager-slave1.out
master:starting nodemanager,logging to/opt/hadoop/logs/yarn-root-nodemanager-master.out
```

③分别在master、slave1、slave2三个节点执行jps命令，检查Hadoop进程运行是否正常，进程ID号每次启动会发生变化。

a.master节点：

```
[root@master~]#jps
1346 QuorumPeerMain
1623 DataNode
1815 JournalNode
2536 Jps
2221 NodeManager
2110 ResourceManager
1519 NameNode
1999 DFSZKFailoverController
```

b.slave1节点：

```
[root@slave1~]#jps
1955 Jps
1511 DataNode
1370 QuorumPeerMain
1738 DFSZKFailoverController
1819 NodeManager
1452 NameNode
1614 JournalNode
```

c.slave2节点：

```
[root@slave2~]#jps
1521 JournalNode
1649 NodeManager
1460 DataNode
1773 Jps
1374 QuorumPeerMain
```

④创建存放数据文件夹，在HDFS上新建Hive的数据仓库文件夹，并赋予读写权限，在本地创建tmp文件夹。

```
[root@master~]#hadoop fs -mkdir -p /user/hive/warehouse
[root@master~]#hadoop fs -chmod g+w /user/hive/warehouse
[root@master~]#mkdir /opt/hive/tmp
```

⑤初始化Hive元数据。使用schematool升级元数据，将Hive的元数据重新写入MySQL数据库中。

```
[root@master~]#schematool-initSchema-dbType mysql
SLF4J:Class path contains multiple SLF4J bindings.
SLF4J:Found binding in [jar:file:/opt/hive/lib/hive-jdbc-2.0.0-
standalone.jar!/org/slf4j/impl/StaticLoggerBinder.class]
SLF4J:Found binding in [jar:file:/opt/hive/lib/log4j-slf4j-impl-
2.4.1.jar!/org/slf4j/impl/StaticLoggerBinder.class]
SLF4J:Found binding in [jar:file:/opt/hadoop/share/hadoop/common/lib/
slf4j-log4j12-1.7.10.jar!/org/slf4j/impl/StaticLoggerBinder.class]
SLF4J:See http://www.slf4j.org/codes.html #multiple_bindings for an
explanation.
SLF4J:Actual binding is of type [org.apache.logging.slf4j.
Log4jLoggerFactory]
Metastore connection URL:jdbc:mysql://master:3306/hive_db?createDatabase
IfNotExist=true
Metastore Connection Driver :com.mysql.jdbc.Driver
Metastore connection User:hive
Starting metastore schema initialization to 2.0.0
Initialization script hive-schema-2.0.0.mysql.sql
schemaTool completed
```

以上命令结果显示schemaTool completed，则表示Hive元数据写入MySQL数据库成功。若执行schematool-initSchema-dbTypemysql命令，显示schemaTool failed报错，很可能是hive-site.xml文件配置有误或者主键重复的原因。

```
[root@master~]#schematool-initSchema-dbType mysql
SLF4J:Class path contains multiple SLF4J bindings.
SLF4J:Found binding in [jar:file:/opt/hive/lib/hive-jdbc-2.0.0-
standalone.jar!/org/slf4j/impl/StaticLoggerBinder.class]
SLF4J:Found binding in [jar:file:/opt/hive/lib/log4j-slf4j-impl-
2.4.1.jar!/org/slf4j/impl/StaticLoggerBinder.class]
SLF4J:Found binding in [jar:file:/opt/hadoop/share/hadoop/common/lib/
slf4j-log4j12-1.7.10.jar!/org/slf4j/impl/StaticLoggerBinder.class]
SLF4J:See http://www.slf4j.org/codes.html #multiple_bindings for an
explanation.
SLF4J:Actual binding is of type [org.apache.logging.slf4j.
Log4jLoggerFactory]
Metastore connection URL:jdbc:mysql://master:3306/hive_db?createDatabase
IfNotExist=true
Metastore Connection Driver :com.mysql.jdbc.Driver
Metastore connection User:hive
*** schemaTool failed ***
```

可以检查hive-site.xml配置文件或者删除MySQL中的Hive数据库后，重新执行

schematool-initSchema-dbType mysql命令。

```
[root@master~]#mysql -uhive -pPassword123$
mysql:[Warning] Using a password on the command line interface can be insecure.
Welcome to the MySQL monitor. Commands end with;or\g.
Your MySQL connection id is 30
Server version:5.7.18 MySQL Community Server(GPL)
Copyright(c)2000,2017,Oracle and/or its affiliates. All rights reserved.
Oracle is a registered trademark of Oracle Corporation and/or its
affiliates. Other names may be trademarks of their respective
owners.
Type 'help;' or '\h' for help. Type '\c' to clear the current input statement.
mysql>show databases;                    # 查询数据库
+--------------------+
|Database            |
+--------------------+
|information_schema  |
|hive_db             |
|mysql               |
|performance_schema  |
|sys                 |
+--------------------+
5 rows in set(0.00 sec)
mysql>drop database hive_db;             # 删除 hive_db 数据库
Query OK,55 rows affected(0.33 sec)
mysql>show databases;                    # 查询 hive_db 数据库是否删除
+--------------------+
|Database            |
+--------------------+
|information_schema  |
|mysql               |
|performance_schema  |
|sys                 |
+--------------------+
4 rows in set(0.00 sec)
mysql>
```

任务六 启动 Hive

（1）在系统的任意目录下，执行hive命令即可启动Hive组件。

```
[root@master~]#hive
SLF4J:Class path contains multiple SLF4J bindings.
SLF4J:Found binding in [jar:file:/opt/hive/lib/hive-jdbc-2.0.0-standalone.jar!/org/slf4j/impl/StaticLoggerBinder.class]
SLF4J:Found binding in [jar:file:/opt/hive/lib/log4j-slf4j-impl-2.4.1.jar!/org/slf4j/impl/StaticLoggerBinder.class]
SLF4J:Found binding in [jar:file:/opt/hadoop/share/hadoop/common/lib/slf4j-log4j12-1.7.10.jar!/org/slf4j/impl/StaticLoggerBinder.class]
```

```
SLF4J:See http://www.slf4j.org/codes.html #multiple_bindings for an explanation.
SLF4J:Actual binding is of type [org.apache.logging.slf4j.Log4jLoggerFactory]
Logging initialized using configuration in jar:file:/opt/hive/lib/hive-common-2.0.0.jar!/hive-log4j2.properties
Hive-on-MR is deprecated in Hive 2 and may not be available in the future versions. Consider using a different execution engine(i.e. spark,tez)
or using Hive 1.X releases.
hive>
```

（2）创建新表并验证数据库。

```
hive>create database hive_test_db;
OK
Time taken:0.291 seconds
hive>use hive_test_db;
OK
Time taken:0.031 seconds
hive>create table t_user(id int,name string);
OK
Time taken:0.287 seconds
hive>show tables;
OK
t_user
Time taken:0.081 seconds,Fetched:1 row(s)
hive>quit;
```

打开MySQL数据库，使用MySQL中hive_db数据库，此时注意，hive创建的表统一都在hive_db数据库的TBLS表中。当创建表存在，既基于MySQL存储元数据的Hive组件搭建完毕。

```
[root@master~]#mysql -uhive- pPassword123$
mysql:[Warning] Using a password on the command line interface can be insecure.
Welcome to the MySQL monitor. Commands end with;or\g.
Your MySQL connection id is 29
Server version:5.7.18 MySQL Community Server(GPL)
Copyright(c)2000,2017,Oracle and/or its affiliates. All rights reserved.
Oracle is a registered trademark of Oracle Corporation and/or its
affiliates. Other names may be trademarks of their respective
owners.
Type 'help;' or '\h' for help. Type '\c' to clear the current input statement.
mysql>use hive_db;
Reading table information for completion of table and column names
You can turn off this feature to get a quicker startup with-A
Database changed
mysql>select * from TBLS;
+--------+-------------+-------+-----------------+-------+-----------+---
----+----------+---------------+--------------------+--------------------+
```

```
| TBL_ID| CREATE_TIME| DB_ID| LAST_ACCESS_TIME| OWNER| RETENTION| SD_ID|
TBL_NAME| TBL_TYPE| VIEW_EXPANDED_TEXT| VIEW_ORIGINAL_TEXT|
+--------+-------------+-------+------------------+-------+-----------+---
----+----------+---------------+--------------------+--------------------+
| 1| 1723083204| 6| 0| root| 0| 1| t_user| MANAGED_TABLE| NULL| NULL|
+--------+-------------+-------+------------------+-------+-----------+---
----+----------+---------------+--------------------+--------------------+
1 row in set(0.00 sec)
```

项目六

安装与配置 Spark 组件

通过本项目的学习，应做到了解Spark的常用计算框架，了解不同计算框架的调度模式，掌握Spark的部署操作方法，掌握部署Spark集群的技能及实操动手的能力。

在大数据技术的发展过程中，Hadoop和Spark都是非常重要的框架。Hadoop提供了分布式存储和分布式计算的能力，而Spark则以其内存计算和丰富的数据处理能力，成为现代大数据处理的主流框架之一。学习Spark，主要是为了解决Hadoop在处理实时数据和迭代算法时的性能问题。Spark通过内存计算技术和更有效的数据处理模型，能够克服Hadoop的一些局限性。

Spark作为一种强大的分布式计算框架，已经成为处理大规模数据集的首选工具之一。通过本项目的学习，我们将深入了解Spark的常用计算框架，探讨不同计算框架的调度模式，并掌握Spark的部署操作方法。这不仅包括对Spark Local、Spark Standalone等模式的理解，还有如何将Spark部署到不同的环境，包括单机模式（Spark Local）、独立部署模式（Spark Standalone）以及与Hadoop YARN等资源管理器的集成。这些部署方式各有特点，适用于不同的应用场景和需求。

Spark Local：适用于开发和测试阶段，它在单个JVM中运行Spark，不涉及分布式环境，便于快速迭代和调试。

Spark Standalone：是Spark自带的轻量级集群管理器，适用于小规模集群或需要快速部署的场景。它支持动态资源分配和故障恢复，但与YARN等相比，功能较为简单。

与YARN集成：YARN（Yet Another Resource Negotiator）是Hadoop的资源管理器，Spark可以与YARN集成，利用YARN进行资源调度和管理，适用于大规模集群环境。

通过掌握这些部署技能，你将能够根据实际需求选择合适的部署方式，并具备实操动手的能力，从而在实际工作中高效地利用Spark进行大数据处理和分析。

视频

操作系统及Java、Scala、Spark环境配置

任务一　部署与操作 Spark Local

（1）准备操作系统。本次进行单台服务器上的Spark Local部署。

①安装操作系统。首先安装CentOS 7.×操作系统。操作系统的安装不是本项目的重点，不进行介绍。

②配置IP地址。通过“ip a”命令查看网卡，并对需要使用网络的设备配置IP地址，命令如下：

```
[root@master~]#ip a
1:lo:<LOOPBACK,UP,LOWER_UP>mtu 65536 qdisc noqueue state UNKNOWN group default qlen 1000
    link/loopback 00:00:00:00:00:00 brd 00:00:00:00:00:00
    inet 127.0.0.1/8 scope host lo
       valid_lft forever preferred_lft forever
    inet6 ::1/128 scope host
       valid_lft forever preferred_lft forever
2:ens32:<BROADCAST,MULTICAST,UP,LOWER_UP>mtu 1500 qdisc pfifo_fast state UP group default qlen 1000
link/ether 00:0c:29:ff:3e:51 brd ff:ff:ff:ff:ff:ff
inet 192.168.131.135/24 brd 192.168.131.255 scope global noprefixroute ens32
   valid_lft forever preferred_lft forever
inet6 fe80::34ef:870:fda2:453a/64 scope link noprefixroute
   valid_lft forever preferred_lft forever
```

上述命令中的ens32是我们需要使用的网口。

为ens32配置IP地址，命令如下：

```
[root@master~]#vim /etc/sysconfig/network-scripts/ifcfg-ens32
TYPE="Ethernet"
PROXY_METHOD="none"
BROWSER_ONLY="no"
BOOTPROTO="static"
DEFROUTE="yes"
IPV4_FAILURE_FATAL="no"
IPV6INIT="yes"
IPV6_AUTOCONF="yes"
IPV6_DEFROUTE="yes"
IPV6_FAILURE_FATAL="no"
IPV6_ADDR_GEN_MODE="stable-privacy"
NAME="ens32"
UUID="435eae6a-7ca8-456f-bcae-535b4c6b059a"
DEVICE="ens32"
ONBOOT="yes"
IPADDR=192.168.131.135
NETWORK=255.255.255.0
GATEWAY=192.168.131.2
DNS1=192.168.131.2
重启网络使配置生效，命令如下：
[root@master~]#service network restart
Restarting network(via systemctl):                  [ 确定 ]
```

③禁用SELinux。修改/etc/selinux/config，并重启操作系统使修改生效，命令如下：

```
[root@master~]#sed -i 's/SELINUX=enforcing/SELINUX=disabled/g' /etc/selinux/config
[root@master~]#cat /etc/selinux/config
```

```
#This file controls the state of SELinux on the system.
#SELINUX=can take one of these three values:
#    enforcing-SELinux security policy is enforced.
#    permissive-SELinux prints warnings instead of enforcing.
#    disabled-No SELinux policy is loaded.
SELINUX=disabled
#SELINUXTYPE=can take one of three two values:
#    targeted-Targeted processes are protected,
#     minimum-Modification of targeted policy. Only selected processes
are protected.
#    mls-Multi Level Security protection.
SELINUXTYPE=targeted
[root@master~]#reboot
```

④关闭防火墙，命令如下：

```
[root@master~]#systemctl stop firewalld.service    #停止firewalld服务
[root@master~]#systemctl disable firewalld.service
                                                   #禁止firewalld服务开机启动
[root@master~]#systemctl status firewalld.service #查看防火墙状态
● firewalld.service-firewalld-dynamic firewall daemon
   Loaded:loaded(/usr/lib/systemd/system/firewalld.service;disabled; vendor
preset:enabled)
  Active:inactive(dead)
  Docs:man:firewalld(1)
```

（2）配置Java环境。

将Java压缩包上传到data文件夹下，然后解压至/opt目录下，命令如下：

```
[root@master~]#cd /data
#解压JDK压缩包
[root@master data]#tar -zxvf /data/jdk-8u152-linux-x64.tar.gz -C /opt
#修改文件名称，方便填写
[root@master data]#mv /opt/jdk1.8.0_152/ /opt/java
#设置环境变量，添加2行内容
[root@master data]#vim /etc/profile
#java
export JAVA_HOME=/opt/java
export PATH=$PATH:$JAVA_HOME/bin
#使配置的环境变量生效
[root@master data]#source /etc/profile
[root@master data]#java -version
java version "1.8.0_152"
Java(TM)SE Runtime Environment(build 1.8.0_152-b16)
Java HotSpot(TM)64-Bit Server VM(build 25.152-b16,mixed mode)
```

（3）配置Scala环境。

将Scala压缩包上传到data文件夹下，然后解压至/opt目录下，命令如下：

```
#解压scala压缩包
[root@master data]#tar -zxvf /data/scala-2.11.8.tgz -C /opt/
#修改文件名称，方便填写
```

```
[root@master data]#mv /opt/scala-2.11.8/ /opt/scala/
# 设置环境变量，添加 2 行内容
[root@master data]#vim /etc/profile
#scala
export SCALA_HOME=/opt/scala
export PATH=$PATH:$SCALA_HOME/bin
# 使配置的环境变量生效
[root@master data]#source /etc/profile
[root@master data]#scala -version
Scala code runner version 2.11.8--Copyright 2002-2016,LAMP/EPFL
```

（4）配置Spark环境。

将Spark压缩包上传到data文件夹下，然后解压至/opt目录下，命令如下：

```
# 解压 spark 压缩包
[root@master data]#tar -zxvf /data/spark-2.1.1-bin-hadoop2.7.tgz -C /opt/
# 修改文件名称，方便填写
[root@master data]#mv /opt/spark-2.1.1-bin-hadoop2.7 /opt/spark
# 设置环境变量，添加 2 行内容
[root@master data]#vim /etc/profile
#spark
export SPARK_HOME=/opt/spark
export PATH=$PATH:$SPARK_HOME/bin:$PATH
# 使配置的环境变量生效
[root@master data]#source /etc/profile
```

（5）验证Spark Local，执行Spark Pi案例验证Spark的运行状态，命令如下：

```
    [root@master data]#spark-submit --class org.apache.spark.examples.SparkPi
--master local[*] /opt/spark/examples/jars/spark-examples_2.11-2.1.1.jar 10
    24/08/08 15:06:43 INFO DAGScheduler:Job 0 finished:reduce at SparkPi.
scala:38,took 1.027031 s
    Pi is roughly 3.138711138711139
```

若运行结果为“Pi is roughly 3.138711138711139”，则表示执行成功。

视频

Spark环境配置与Standalone集群部署

任务二　部署与操作 Spark Standalone

6.2.1　搭建Spark单机伪分布式环境

Spark单机伪分布式环境是指在一台物理或虚拟机上模拟多节点的Spark集群环境。在这种模式下，Spark的Master和Worker进程都运行在同一台机器上，但逻辑上表现为一个包含多个节点的集群。这种配置对于学习Spark编程模型、调试Spark应用程序以及小规模测试非常有用。

在开始搭建之前，请确保机器已经安装了以下软件和环境：

JDK：Spark需要Java环境。

SSH：Spark集群间节点通信需要SSH免密码登录，确保SSH服务已安装并配置好。

1. 配置Spark环境

将Spark压缩包上传到data文件夹下，然后解压至/opt目录下，命令如下：

```
# 解压 spark 压缩包
[root@master data]#tar -zxvf /data/spark-2.1.1-bin-hadoop2.7.tgz -C /opt/
# 修改文件名称，方便填写
[root@master data]#mv /opt/spark-2.1.1-bin-hadoop2.7 /opt/spark
# 设置环境变量，添加 2 行内容
[root@master data]#vim /etc/profile
#spark
export SPARK_HOME=/opt/spark
export PATH=$PATH:$SPARK_HOME/bin:$PATH
# 使配置的环境变量生效
[root@master data]#source /etc/profile
```

2. 修改Spark配置文件

```
# 复制并编辑 spark-env.sh
[root@master data]#cp /opt/spark/conf/spark-env.sh.template /opt/spark/conf/spark-env.sh
[root@master data]#vim /opt/spark/conf/spark-env.sh
# 在 spark-env.sh 文件中，设置 JAVA_HOME（如果尚未设置）和其他 Spark 相关配置（如内存分配等，这部分是可选的）
export JAVA_HOME=/opt/java
# 可选配置，例如设置 Spark Master 的 IP 和端口
export SPARK_MASTER_HOST=master
export SPARK_MASTER_PORT=7077
```

注意：在单机伪分布式环境中，通常不需要显式设置SPARK_MASTER_HOST和SPARK_MASTER_PORT，因为Spark会自动使用默认值。

配置slaves文件（可选）：在单机伪分布式环境中，通常不需要配置多个Worker节点。但为了模拟多节点环境，可以编辑slaves文件，将localhost作为唯一的Worker节点。

```
[root@master data]#cp /opt/spark/conf/slaves.template /opt/spark/conf/slaves
[root@master data]#cd /opt/spark/conf/
[root@master conf]#echo "master" > slaves
```

3. 启动Spark

在Spark的sbin目录下执行start-master.sh脚本：

```
# 启动 master 进程
[root@master conf]#cd /opt/spark/sbin
[root@master sbin]#./start-master.sh
starting org.apache.spark.deploy.master.Master,logging to/opt/spark/logs/spark-root-org.apache.spark.deploy.master.Master-1-master.out
```

启动成功后，可以在终端看到master节点的日志信息，并通过浏览器访问http://master:8080查看spark master的Web UI。

虽然在单机伪分布式环境中，Worker进程通常会自动随Master进程启动，但也可以通过执行start-slave.sh脚本来显式启动Worker，并指定Master的URL。

```
# 启动Worker进程:
[root@master sbin]#./start-slave.sh spark://master:7077
starting org.apache.spark.deploy.worker.Worker,logging to/opt/spark/
logs/spark-root-org.apache.spark.deploy.worker.Worker-1-master.out
# 查看进程
[root@master sbin]#jps
1320 Master
1416 Worker
1464 Jps
```

6.2.2 搭建完全分布式集群

Spark提供了以下三种方法来配置系统。

1. 使用SparkConf对象或通过Java系统属性进行设置

Spark属性是配置Spark应用程序的主要方式，它控制着大多数应用程序的参数。Spark属性可以通过SparkConf对象或Java系统属性进行设置。以下是两种常见的配置方法：

1）使用SparkConf对象进行设置

SparkConf对象是Spark应用程序的配置入口，它允许在代码中动态设置各种配置参数。

（1）创建SparkConf对象：

```
// 创建 SparkConf 对象
val conf=new SparkConf()
    .setAppName("MySparkApp")              // 设置应用程序名称
    .setMaster("spark://master:7077")     // 设置 Spark 集群的 Master 节点地址
```

（2）设置常用参数：

```
// 设置每个执行器的内存为 4GB，核心数为 4
conf.set("spark.executor.memory","4g")
conf.set("spark.executor.cores","4")
// 设置默认的并行度和持久化存储级别
conf.set("spark.default.parallelism","200")
conf.set("spark.storage.level","MEMORY_AND_DISK")
```

（3）传递到SparkContext。在创建SparkContext时，将SparkConf对象传递进去，这样Spark应用程序就会按照配置的参数运行：

```
// 创建 SparkContext 对象
val sc=new SparkContext(conf)
```

2）通过Java系统属性进行设置

（1）在命令行中设置系统属性。当使用spark-submit命令提交应用程序时，可以通过--conf参数设置系统属性：

```
// 使用 spark-submit 命令提交应用程序，并设置系统属性
spark-submit --class MySparkApp --master spark://master:7077 --conf
spark.executor.memory=4g --conf spark.executor.cores=4 myapp.jar
```

（2）在代码中设置系统属性。在代码中，可以通过System.setProperty方法设置系统属性。

```
// 在代码中设置系统属性
System.setProperty("spark.executor.memory","4g")
System.setProperty("spark.executor.cores","4")
```

2. 通过每个节点上的conf/spark-env.sh脚本文件配置环境变量

spark-env.sh脚本文件用于在每个节点上配置环境变量，这些环境变量会影响Spark的运行环境。

1）文件位置

spark-env.sh文件位于Spark安装目录的conf子目录下。默认情况下，该文件可能不存在，需要从spark-env.sh.template模板文件复制并创建它。

```
// 复制模板文件创建 spark-env.sh
cp conf/spark-env.sh.template conf/spark-env.sh
```

2）配置环境变量

在spark-env.sh文件中，可以设置各种环境变量，以下是一些常用示例：

（1）设置Java路径。如果需要指定特定版本的Java路径，可以在spark-env.sh中设置JAVA_HOME：

```
// 设置 Java 路径
export JAVA_HOME=/path/to/java
```

（2）设置Spark的堆内存。可以通过SPARK_DAEMON_MEMORY设置Spark守护进程的堆内存。

```
// 设置 Spark 守护进程的堆内存为 2GB
export SPARK_DAEMON_MEMORY=2g
```

（3）设置日志目录。可以通过SPARK_LOG_DIR指定Spark的日志文件存储目录。

```
// 设置 Spark 日志目录
export SPARK_LOG_DIR=/path/to/spark/logs
```

3. 日志记录可以通过log4j.properties来配置

日志记录是监控和调试Spark应用程序的重要手段。Spark使用log4j作为日志框架，可以通过log4j.properties文件进行配置。

1）文件位置

log4j.properties文件通常位于Spark安装目录的conf子目录下。默认情况下，该文件可能不存在，需要从log4j.properties.template模板文件复制并创建它。

```
// 复制模板文件创建 log4j.properties
cp conf/log4j.properties.template conf/log4j.properties
```

2）配置日志级别

在log4j.properties文件中，可以设置日志级别和日志输出方式。以下是一些常用配置：

（1）设置根日志级别：

```
// 设置根日志级别为 INFO，并将日志输出到控制台
```

```
log4j.rootCategory=INFO,console
```

（2）设置特定组件的日志级别：

```
//为Spark调度器设置DEBUG日志级别
log4j.logger.org.apache.spark.scheduler=DEBUG
```

4. 部署操作步骤

（1）部署Spark Standalone架构，见表6-1。本次部署3节点Spark Standalone，1个Master节点、2个Worker节点。

表6-1 部署Spark Standalone架构

节点类型	节点名称	IP地址	组件
Master	master	192.168.131.135	Master
Worker	Slave1	192.168.131.136	Worker
Worker	Slave2	192.168.131.137	Worker

（2）准备操作系统。

①安装操作系统。首先安装CentOS 7.×操作系统，操作系统安装不是本项目的重点，不进行介绍。

②配置IP地址。在所有节点执行此操作，通过“ip a”命令查看网卡，并对需要使用的网络设备配置IP地址，命令如下：

```
[root@master~]#ip a
1:lo:<LOOPBACK,UP,LOWER_UP>mtu 65536 qdisc noqueue state UNKNOWN group default qlen 1000
    link/loopback 00:00:00:00:00:00 brd 00:00:00:00:00:00
    inet 127.0.0.1/8 scope host lo
        valid_lft forever preferred_lft forever
    inet6 ::1/128 scope host
        valid_lft forever preferred_lft forever
2:ens32:<BROADCAST,MULTICAST,UP,LOWER_UP>mtu 1500 qdisc pfifo_fast state UP group default qlen 1000
    link/ether 00:0c:29:ff:3e:51 brd ff:ff:ff:ff:ff:ff
inet 192.168.131.135/24 brd 192.168.131.255 scope global noprefixroute ens32
valid_lft forever preferred_lft forever
inet6 fe80::34ef:870:fda2:453a/64 scope link noprefixroute
valid_lft forever preferred_lft forever
```

其中，ens32是我们需要使用的网口，根据规划的IP地址配置到操作系统中。为ens32配置IP地址，命令如下：

```
[root@master~]#vim /etc/sysconfig/network-scripts/ifcfg-ens32
TYPE="Ethernet"
PROXY_METHOD="none"
BROWSER_ONLY="no"
BOOTPROTO="static"
DEFROUTE="yes"
IPV4_FAILURE_FATAL="no"
```

```
IPV6INIT="yes"
IPV6_AUTOCONF="yes"
IPV6_DEFROUTE="yes"
IPV6_FAILURE_FATAL="no"
IPV6_ADDR_GEN_MODE="stable-privacy"
NAME="ens32"
UUID="435eae6a-7ca8-456f-bcae-535b4c6b059a"
DEVICE="ens32"
ONBOOT="yes"
IPADDR=192.168.131.135
NETWORK=255.255.255.0
GATEWAY=192.168.131.2
DNS1=192.168.131.2
```

重启网络使配置生效，命令如下：

```
[root@master~]#service network restart
Restarting network(via systemctl):[ 确定 ]
```

③配置SSH免密登录。在master01节点执行此操作，生成密钥，命令如下：

```
[root@master~]#ssh-keygen-t rsa
Generating public/private rsa key pair.
Enter file in which to save the key(/root/.ssh/id_rsa):
Created directory '/root/.ssh'.
Enter passphrase(empty for no passphrase):
Enter same passphrase again:
Your identification has been saved in/root/.ssh/id_rsa.
Your public key has been saved in/root/.ssh/id_rsa.pub.
The key fingerprint is:
SHA256:g7ZAkGycDI8kwxz2ZuG77B9g4mFJpSshouauIsVHStY root@master
The key's randomart image is:
+---[RSA 2048]----+
|*Oo=             |
|+*%..            |
|=+.*.            |
|=.B.E .          |
|o@*. o S         |
|* O+o ..         |
|++..             |
|+..              |
|=....            |
+----[SHA256]-----+
```

将本机的公钥复制到本机和远程机器的authorized_keys文件中，命令如下：

```
[root@master~]#ssh-copy-id 192.168.131.135
/usr/bin/ssh-copy-id:INFO:Source of key(s)to be installed:"/root/.ssh/
id_rsa.pub"
The authenticity of host '192.168.131.135(192.168.131.135)' can't be
established.
ECDSA key fingerprint is SHA256:c+2QMmXXzBmy+03eFLiJPVzjXItY1cHQY3UOQruBw
yI.
ECDSA key fingerprint is MD5:c1:21:cb:fe:2d:d6:56:d3:3d:59:16:f6:dd:91:
aa:33.
```

```
Are you sure you want to continue connecting(yes/no)? yes
/usr/bin/ssh-copy-id:INFO:attempting to log in with the new key(s),to filter out any that are already installed
/usr/bin/ssh-copy-id:INFO:1 key(s)remain to be installed--if you are prompted now it is to install the new keys
root@192.168.131.135's password:          # 输入master节点的root密码
Number of key(s)added:1
Now try logging into the machine,with:"ssh '192.168.131.135'"
and check to make sure that only the key(s)you wanted were added.
[root@master~]#ssh-copy-id 192.168.131.136
/usr/bin/ssh-copy-id:INFO:Source of key(s)to be installed:"/root/.ssh/id_rsa.pub"
The authenticity of host '192.168.131.136(192.168.131.136)' can't be established.
ECDSA key fingerprint is SHA256:c+2QMmXXzBmy+03eFLiJPVzjXItY1cHQY3UOQruBwyI.
ECDSA key fingerprint is MD5:c1:21:cb:fe:2d:d6:56:d3:3d:59:16:f6:dd:91:aa:33.
Are you sure you want to continue connecting(yes/no)? yes
/usr/bin/ssh-copy-id:INFO:attempting to log in with the new key(s),to filter out any that are already installed
/usr/bin/ssh-copy-id:INFO:1 key(s)remain to be installed--if you are prompted now it is to install the new keys
root@192.168.131.136's password:          # 输入slave1节点的root密码
Number of key(s)added:1
Now try logging into the machine,with:"ssh '192.168.131.136'"
and check to make sure that only the key(s)you wanted were added.
[root@master~]#ssh-copy-id 192.168.131.137
/usr/bin/ssh-copy-id:INFO:Source of key(s)to be installed:"/root/.ssh/id_rsa.pub"
The authenticity of host '192.168.131.137(192.168.131.137)' can't be established.
ECDSA key fingerprint is SHA256:c+2QMmXXzBmy+03eFLiJPVzjXItY1cHQY3UOQruBwyI.
ECDSA key fingerprint is MD5:c1:21:cb:fe:2d:d6:56:d3:3d:59:16:f6:dd:91:aa:33.
Are you sure you want to continue connecting(yes/no)? yes
/usr/bin/ssh-copy-id:INFO:attempting to log in with the new key(s),to filter out any that are already installed
/usr/bin/ssh-copy-id:INFO:1 key(s)remain to be installed--if you are prompted now it is to install the new keys
root@192.168.131.137's password:
Number of key(s)added:1
Now try logging into the machine,with:"ssh '192.168.131.137'"
and check to make sure that only the key(s)you wanted were added.
```

④配置hosts映射文件。以master01节点为例配置主机名，其他节点的配置类似，命令如下：

在master节点配置hosts文件，命令如下：

```
127.0.0.1  localhost localhost.localdomain localhost4 localhost4.localdomain4
::1  localhost localhost.localdomain localhost6 localhost6.localdomain6
```

```
192.168.131.135 master
192.168.131.136 slave1
192.168.131.137 slave2
```

执行以下命令，将master节点的hosts文件分发给slave1和slave2节点。

```
[root@master~]#scp /etc/hosts 192.168.131.136:/etc/hosts
hosts                              100% 227   340.3KB/s   00:00
[root@master~]#scp /etc/hosts 192.168.131.137:/etc/hosts
hosts                              100% 227   350.1KB/s   00:00
```

至此，在集群中可以通过主机名访问节点。

⑤禁用SELinux。修改/etc/selinux/config，并重启操作系统使修改生效，命令如下：

```
[root@master~]#sed -i 's/SELINUX=enforcing/SELINUX=disabled/g' /etc/selinux/config
[root@master~]#cat/etc/selinux/config
#This file controls the state of SELinux on the system.
#SELINUX=can take one of these three values:
#    enforcing-SELinux security policy is enforced.
#    permissive-SELinux prints warnings instead of enforcing.
#    disabled-No SELinux policy is loaded.
SELINUX=disabled
#SELINUXTYPE=can take one of three two values:
#    targeted-Targeted processes are protected,
#    minimum-Modification of targeted policy. Only selected processes are protected.
#    mls-Multi Level Security protection.
SELINUXTYPE=targeted
[root@master~]#reboot
```

⑥关闭防火墙，命令如下：

```
[root@master~]#systemctl stop firewalld.service     #停止firewalld服务
[root@master~]#systemctl disable firewalld.service  #禁止firewalld服务开机启动
[root@master~]#systemctl status firewalld.service   #查看防火墙状态
●  firewalld.service-firewalld-dynamic firewall daemon
    Loaded:loaded(/usr/lib/systemd/system/firewalld.service;disabled;vendor preset:enabled)
   Active:inactive(dead)
      Docs:man:firewalld(1)
```

（3）部署Spark Standalone集群。

①配置Java环境。将Java压缩包上传到data文件夹下，然后解压至/opt目录下，命令如下：

```
[root@master~]#cd /data
#解压 JDK 压缩包
[root@master data]#tar -zxvf /data/jdk-8u152-linux-x64.tar.gz-C /opt
#修改文件名称，方便填写
[root@master data]#mv /opt/jdk1.8.0_152/ /opt/java
#设置环境变量，添加 2 行内容
[root@master data]#vim /etc/profile
```

```
#java
export JAVA_HOME=/opt/java
export PATH=$PATH:$JAVA_HOME/bin
#使配置的环境变量生效
[root@master data]#source /etc/profile
[root@master data]#java -version
java version "1.8.0_152"
Java(TM)SE Runtime Environment(build 1.8.0_152-b16)
Java HotSpot(TM)64-Bit Server VM(build 25.152-b16,mixed mode)
```

②配置scala环境。将scala压缩包上传到data文件夹下，然后解压至/opt目录下，命令如下：

```
#解压 scala 压缩包
[root@master data]#tar -zxvf /data/scala-2.11.8.tgz -C /opt/
#修改文件名称，方便填写
[root@master data]#mv /opt/scala-2.11.8/ /opt/scala/
#设置环境变量，添加 2 行内容
[root@master data]#vim /etc/profile
#scala
export SCALA_HOME=/opt/scala
export PATH=$PATH:$SCALA_HOME/bin
#使配置的环境变量生效
[root@master data]#source /etc/profile
[root@master data]#scala -version
Scala code runner version 2.11.8--Copyright 2002-2016,LAMP/EPFL
```

③配置Spark环境。将Spark压缩包上传到data文件夹下，然后解压至/opt目录下，命令如下：

```
#解压 spark 压缩包
[root@master data]#tar -zxvf /data/spark-2.1.1-bin-hadoop2.7.tgz -C /opt/
#修改文件名称，方便填写
[root@master data]#mv /opt/spark-2.1.1-bin-hadoop2.7 /opt/spark
#设置环境变量，添加 2 行内容
[root@master data]#vim /etc/profile
#spark
export SPARK_HOME=/opt/spark
export PATH=$PATH:$SPARK_HOME/bin:$PATH
#使配置的环境变量生效
```

④修改Spark配置文件。在master节点修改spark-defaults.conf，命令如下：

```
[root@master data]#cp /opt/spark/conf/spark-defaults.conf.template /opt/
spark/conf/spark-defaults.conf
[root@master data]#vim /opt/spark/conf/spark-defaults.conf
```

添加如下配置：

```
spark.master spark://master:7077
```

在master节点修改spark-env.sh，命令如下：

```
[root@master data]#cp /opt/spark/conf/spark-env.sh.template /opt/spark/
conf/spark-env.sh
```

```
[root@master data]#vim /opt/spark/conf/spark-env.sh
```

添加如下配置：

```
export JAVA_HOME=/opt/java
export SCALA_HOME=/opt/scala
export SPARK_MASTER_IP=master
export SPARK_MASTER_PORT=7077
```

在master节点修改slave，令如下：

```
[root@master data]#cp /opt/spark/conf/slaves.template /opt/spark/conf/slaves
[root@master data]#vim /opt/spark/conf/slaves
```

添加如下配置：

```
master
slave1
slave2
```

⑤将配置文件分发到其他机器。在master节点上通过spc分发Java、Scala、Spark安装配置文件以及环境变量配置文件，命令如下：

```
[root@master data]#scp -r /opt/java/ root@slave1:/opt/
[root@master data]#scp -r /opt/java/ root@slave2:/opt/
[root@master data]#scp -r /opt/scala/ root@slave1:/opt/
[root@master data]#scp -r /opt/scala/ root@slave2:/opt/
[root@master data]#scp -r /opt/spark/ root@slave1:/opt/
[root@master data]#scp -r /opt/spark/ root@slave2:/opt/
[root@master data]#scp /etc/profile root@slave1:/etc/
[root@master data]#scp /etc/profile root@slave2:/etc/
```

⑥三台节点均刷新环境变量：

```
[root@master data]#source /etc/profile
[root@slave1~]#source /etc/profile
[root@slave2~]#source /etc/profile
```

（4）启动Spark Standalone集群。

启动Spark集群，命令如下：

```
[root@master data] #/opt/spark/sbin/start-all.sh
starting org.apache.spark.deploy.master.Master,logging to/opt/spark/
logs/spark-root-org.apache. spark.deploy.master.Master-1-master.out
slave1:starting org.apache.spark.deploy.worker.Worker,logging to/opt/
spark/logs/spark-root-org. apache.spark.deploy.worker.Worker-1-slave1.out
master:starting org.apache.spark.deploy.worker.Worker,logging to/opt/
spark/logs/spark-root-org. apache.spark.deploy.worker.Worker-1-master.out
slave2:starting org.apache.spark.deploy.worker.Worker,logging to/opt/
spark/logs/spark-root-org. apache.spark.deploy.worker.Worker-1-slave2.out
```

检查各节点的Spark运行状态，命令如下：

```
[root@master data]#jps
2627 Worker
2676 Jps
```

```
2536 Master
[root@slave1~]#jps
1963 Jps
1871 Worker
[root@slave2~]#jps
1945 Jps
1853 Worker
```

（5）验证Spark Standalone集群。执行Spark Pi案例验证Spark的运行状态，命令如下：

```
[root@master data]#spark-submit --class org.apache.spark.examples.SparkPi
--master spark://master: 7077/opt/spark/examples/jars/spark-examples_*.jar 10
Using Spark's default log4j profile:org/apache/spark/log4j-defaults.
properties
24/08/14 15:21:55 INFO SparkContext:Running Spark version 2.1.1
......
Pi is roughly 3.1436991436991435
24/08/14 15:22:40 INFO SparkUI:Stopped Spark web UI at http://192.168.131.135:4040
24/08/14 15:22:40 INFO StandaloneSchedulerBackend:Shutting down all executors
24/08/14 15:22:40 INFO CoarseGrainedSchedulerBackend$DriverEndpoint:Aski
ng each executor to shut down
24/08/14 15:22:40 INFO MapOutputTrackerMasterEndpoint:MapOutputTrackerMa
sterEndpoint stopped!
24/08/14 15:22:40 INFO MemoryStore:MemoryStore cleared
24/08/14 15:22:40 INFO BlockManager:BlockManager stopped
24/08/14 15:22:40 INFO BlockManagerMaster:BlockManagerMaster stopped
24/08/14 15:22:40 INFO OutputCommitCoordinator$OutputCommitCoordinatorEn
dpoint:OutputCommitCoordinator stopped!
24/08/14 15:22:40 INFO SparkContext:Successfully stopped SparkContext
24/08/14 15:22:43 INFO ShutdownHookManager:Shutdown hook called
24/08/14 15:22:43 INFO ShutdownHookManager:Deleting directory/tmp/spark-
1f6f8c76-3409-4ed7-a895-ee1da29c8e3e
```

运行结果为“Pi is roughly 3.1436991436991435”，表示执行成功。

通过Web UI可以查看刚执行的任务“Spark Pi”，任务状态为“FINISHED”，如图6-1所示。

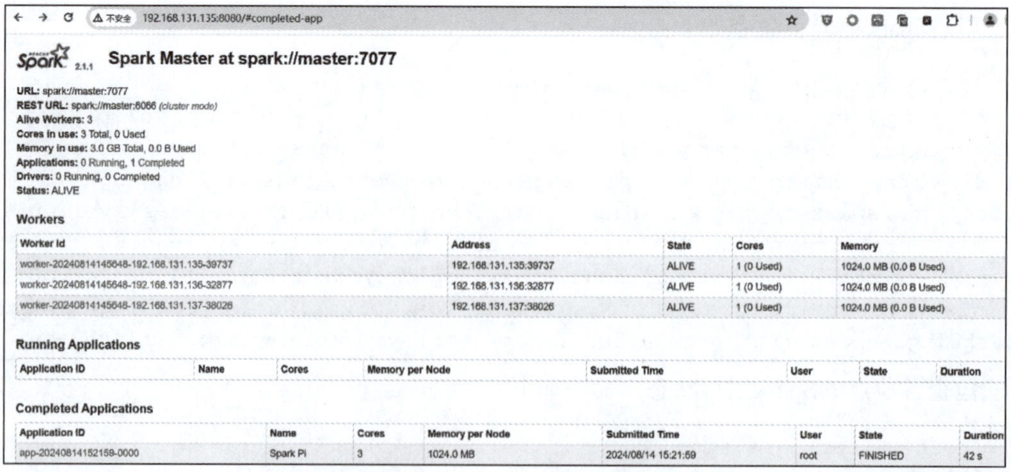

图 6-1　Spark Web UI 界面

6.2.3 Spark运行流程

1. SparkContext的执行架构

为了在集群上运行，SparkContext可以连接到多种类型的集群管理器（Spark自己的独立集群管理器、Mesos、YARN或Kubernetes），它们在应用程序之间分配资源。连接后，Spark会在集群中的节点上获取执行程序，这些进程为应用程序提供运行计算和存储数据的功能。然后，它将应用程序代码（由传递给SparkContext的Jar或Python文件定义）发送到执行程序。最后，SparkContext将任务发送给执行程序以运行。

SparkContext的执行架构如图6-2所示。

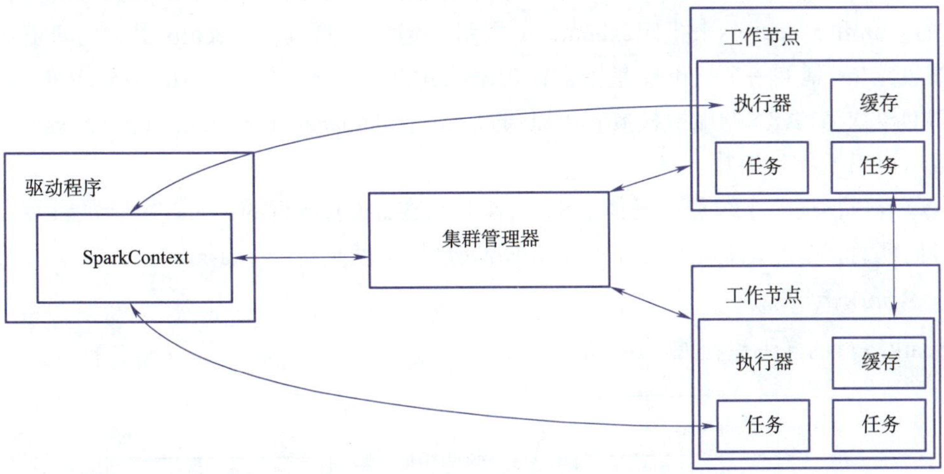

图 6-2 SparkContext 的执行架构

关于这个架构，有以下几个注意事项。

（1）每个应用程序都有自己的执行程序进程，这些进程在整个应用程序的持续时间内保持运行并在多个线程中运行任务。这有利于在调度端（每个驱动程序调度自己的任务）和执行端（来自不同应用程序的任务在不同的JVM中运行）将应用程序彼此隔离。但是，这也意味着如果不将数据写入外部存储系统，就无法在不同的Spark应用程序（SparkContext的实例）之间共享数据。

（2）Spark与底层集群管理器无关。只要能够获取到executor进程，并且这些进程之间相互通信就可以正常运行，如Spark可以基于不同的集群管理器（Mesos或YARN等）运行。

（3）驱动程序必须在其整个生命周期内侦听并接收来自其执行程序的传入连接。因此，驱动程序必须可从工作节点进行网络寻址。

（4）因为驱动程序在集群上调度任务，所以它应该在工作节点附近运行，最好在同一个局域网上。如果想远程向集群发送请求，最好设置驱动程序打开RPC，并让它从附近提交操作，而不是运行远离工作节点的驱动程序。

2. Spark的组件

Spark中主要包括五个组件，即driver、master、worker、executor和task。

（1）driver：是一个进程，编写的Spark程序运行在driver上，由dirver进程执行。driver是作业的主进程，具有main()函数，是程序的入口点。driver进程启动后，向master发送请求，进行注册，申请资源，在后面的executor启动后，会向dirver进行反注册。dirver注册了executor后，正式执行Spark程序，读取数据源，创建RDD或dataframe，生成stage，提交task到executor。

（2）master：是一个进程，主要负责资源的调度和分配、集群的监控等。

（3）worker：是一个进程，主要有两项功能，一是用自己的内存存储RDD的某个或某些partition；二是启动其他进程和线程，对RDD上的partition进行处理和计算。

（4）executor：是一个进程，一个executor执行多个task，多个executor可以并行执行，可以通过-num-executors来指定executor的数量。但经过测试，executor最大为集群可用的CPU核数减1，剩下一个核可能是用来作为master的。另外，如果master为YARN，则实际可用CPU核数为YARN的虚拟核数，可以通过yarn.nodemanager.resource.cpu-vcores设定，虚拟核数可以大于物理核数。

（5）task：是一个线程，具体的Spark任务是在task上运行的，某些并行的计算，有多少个分区就有多少个task，但是有些计算如take这样的就只有一个task。

3. Spark运行流程

Spark运行的详细流程如图6-3所示。

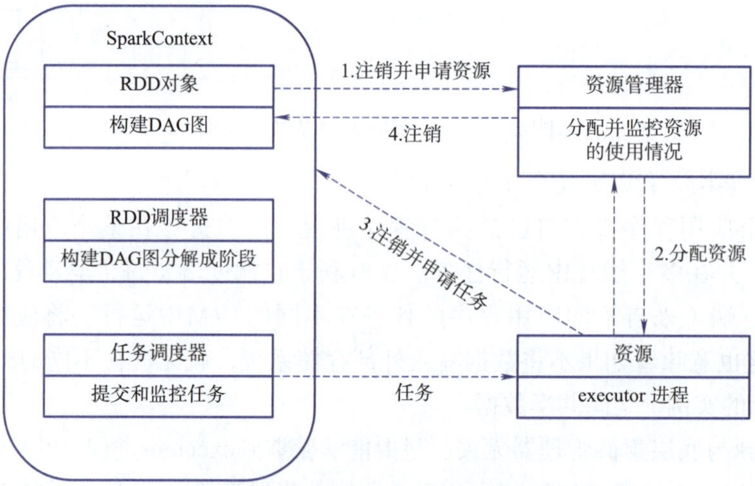

图 6-3 Spark 运行的详细流程

当一个Spark应用被提交时，首先需要为这个应用构建基本的运行环境，即由任务控制节点（driver）创建一个SparkContext，由SparkContext负责和资源管理器的通信，以及进行资源的申请、任务的分配和监控等。SparkContext会向资源管理器注册并申请运行executor的资源。

资源管理器为executor分配资源，并启动executor进程，executor的运行情况将随着“心跳”发送到资源管理器上。

SparkContext根据RDD的依赖关系构建DAG图，DAG图提交给DAG调度器进行解析，将DAG图分解成多个“阶段”（每个阶段都是一个任务集），并计算出各阶段之间的依赖关系，然后把一个个“任务集”提交给底层的任务调度器进行处理；executor向SparkContext申请任务，任务调度器将任务分发给executor运行，同时，SparkContext将应用程序代码发放给executor。

任务在executor上运行，把执行结果反馈给任务调度器，然后反馈给DAG调度器，运行完毕后写入数据并释放所有的资源。

Spark常用术语见表6-2。

表 6-2　Spark 常用术语

术　语	描　述
Application	基于 Spark 构建的用户程序，由集群上的驱动程序和执行程序组成
Application jar	包含用户的 Spark 应用程序的 jar。在某些情况下，用户会想要创建一个“uberjar”，其中包含它们的应用程序及其依赖项。用户的 jar 不应包含 Hadoop 或 Spark 库，但是，这些将在运行时添加
driver program	运行应用程序的 main() 函数并创建 SparkContext 的过程
cluster manager	用于获取集群资源的外部服务（如独立管理器、Mesos、YARN、Kubernetes）
deploy mode	区分驱动程序进程运行的位置。在集群模式下，框架在集群内启动驱动程序；在客户端模式下，提交者在集群外启动驱动程序
worker node	任何可以在集群中运行应用程序代码的节点
executor	为工作节点上的应用程序启动的进程，该进程运行任务并将数据保存在内存或磁盘存储中。每个应用程序都有自己的执行程序
task	将发送给一个执行者的工作单元
job	由多个任务组成的并行计算，这些任务响应 Spark 操作（如 save、collect）；会在驱动程序日志中看到这个术语
stage	每个作业被分成更小的任务集，称为阶段，这些任务相互依赖（类似于 MapReduce 中的 Map 和 Reduce 阶段）；会在驱动程序日志中看到这个术语

6.2.4　部署与操作Spark on YARN

视频

Spark基础与Spark on YARN部署操作

下面介绍Spark onYARN的安装部署。

Spark on YARN是工作中或生产上使用较多的一种运行模式，本任务主要讲解在Hadoop YARN上启动Spark。

当在YARN上运行Spark作业时，每个Spark executor作为一个YARN容器运行。Spark可以使多个Tasks在同一个容器中运行。这是一个很大的优点。

有两种部署模式可用于在YARN上启动Spark应用程序，即cluster模式和client模式。

1. cluster模式

YARN-cluster模式提交任务的流程如图6-4所示，流程介绍如下：

（1）客户机提交Application应用程序，发送请求到RS（ResourceManager），请求启动AM（ApplicationMaster）。

（2）RS收到请求后随机在一台NM（NodeManager）上启动AM（相当于driver端）。

（3）AM启动，AM发送请求到RS，请求一批container用于启动executor。

（4）RS返回一批NM节点给AM。

（5）AM连接到NM，发送请求到NM启动executor。

（6）executor反向注册到AM所在的节点的driver。driver发送task到executor。

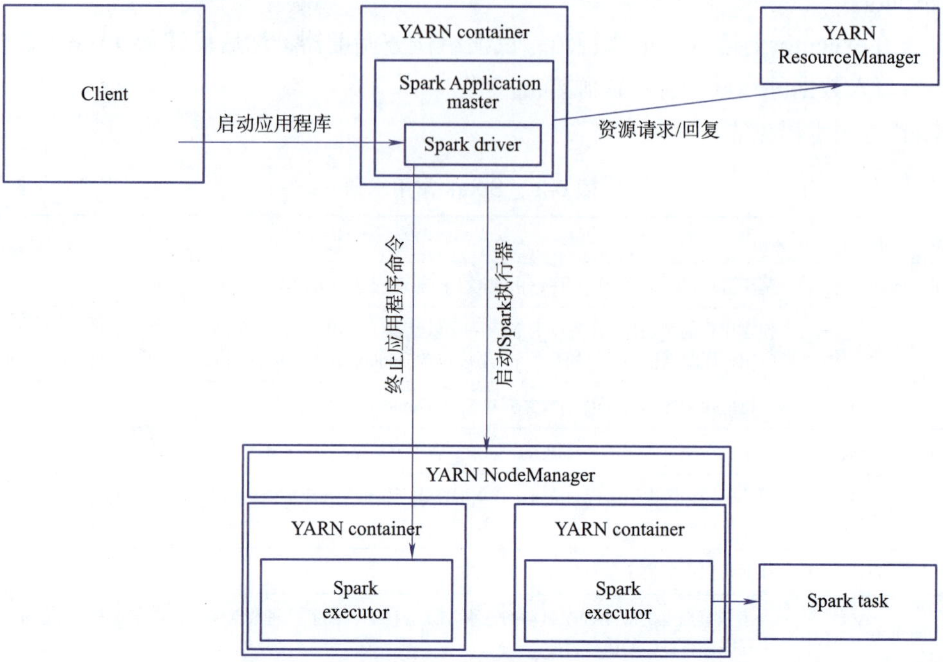

图 6-4　YARN-cluster 模式提交任务的流程

在cluster模式下，Spark驱动程序在YARN管理的应用程序的主进程内运行，客户端可以在启动应用程序后离开。cluster模式主要用于生产环境中，因为driver运行在YARN集群中的某一台NodeManager中，每次提交任务的driver所在的机器都是随机的，不会产生某一台机器网卡流量激增的现象；其缺点是任务提交后不能看到日志，只能通过YARN查看日志。

2. client模式

YARN-client模式提交任务的流程如图6-5所示，流程介绍如下。

（1）客户端提交一个application，在客户端启动一个driver进程。

（2）driver进程会向RS发送请求，启动AM。

（3）RS收到请求，随机选择一台NM启动AM。这里的NM相当于Standalone中的Worker节点。

（4）AM启动后，会向RS请求一批container资源，用于启动executor。

（5）RS会找到一批NM返回给AM，用于启动executor。AM会向NM发送命令启动executor。

（6）executor启动后，会反向注册给driver，driver发送task到executor，然后将执行情况和结果返回给driver端。

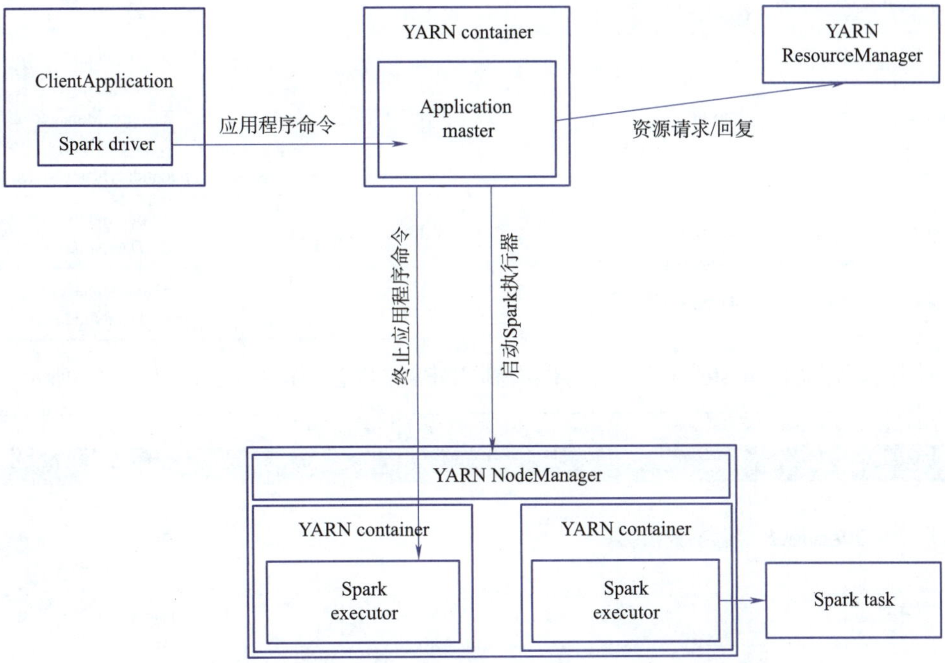

图 6-5　YARN client 模式提交任务的流程

在client模式中，driver运行在client进程中，ApplicationMaster只用于向YARN请求资源。client模式适用于测试场景，因为driver运行在本地，任务执行后可以直接看到执行结果。但是此模式下，driver会与YARN集群中的executor进行大量的通信，会造成客户端网卡流量的大量增加。

在YARN上启动Spark，需要配置HADOOP_CONF_DIR或YARN_CONF_DIR指向包含Hadoop集群配置文件的目录。这些配置用于写入HDFS并连接到YARN ResourceManager。此目录中包含的配置将分发到YARN集群，以便应用程序使用的所有容器都使用相同的配置。

与Spark支持的其他集群管理器在--master参数中指定Master的地址不同，在YARN模式下，ResourceManager的地址是从Hadoop配置中获取的。因此，将--master参数设为yar，直接修改配置文件spark-defaults.conf中的“spark.master”，将模式配置为yarn。

3. 具体操作步骤

（1）检查Hadoop环境。我们需要将Spark部署在Hadoop Master节点上用来提交任务，首先检查已部署的Hadoop环境并统计集群信息。Hadoop环境集群信息见表6-3。

检查Hadoop安装目录，命令如下：

```
[root@master~]#echo $HADOOP_HOME
/opt/hadoop
```

表 6-3 Hadoop 环境集群信息

节点类型	节点名称	IP 地址	组 件
master	master	192.168.131.135	DataNode NodeManager ResourceManager NameNode SecondaryNameNode
slave	slave1	192.168.131.136	NodeManager DataNode
slave	slave2	192.168.131.137	NodeManager DataNode

使用浏览器访问master:50070，可以看到HDFS的状态为运行正常，如图6-6所示。

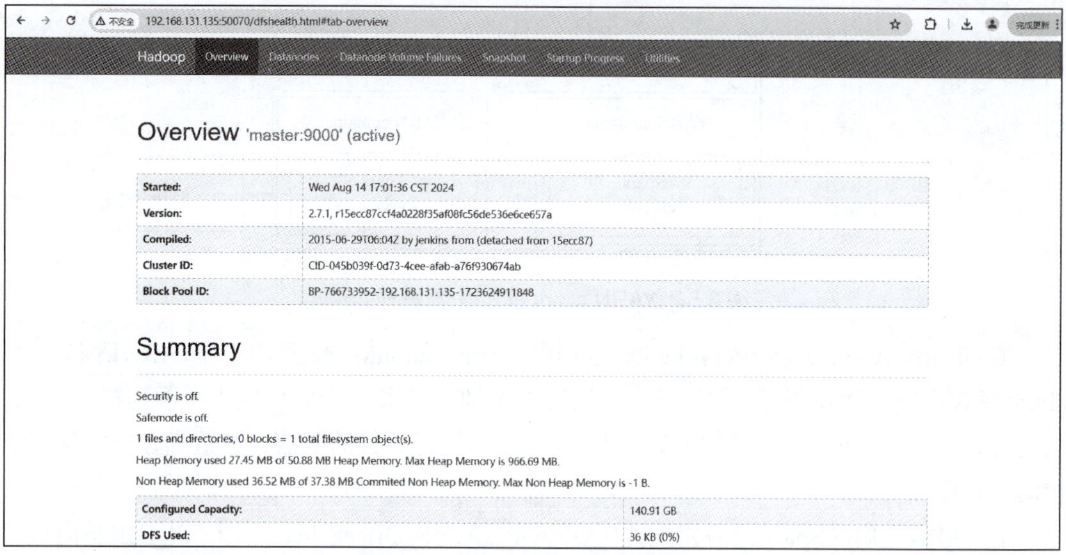

图 6-6 master 节点 HDFS 状态

使用浏览器访问master:8088，可以看到YARN的状态为运行正常，如图6-7所示。

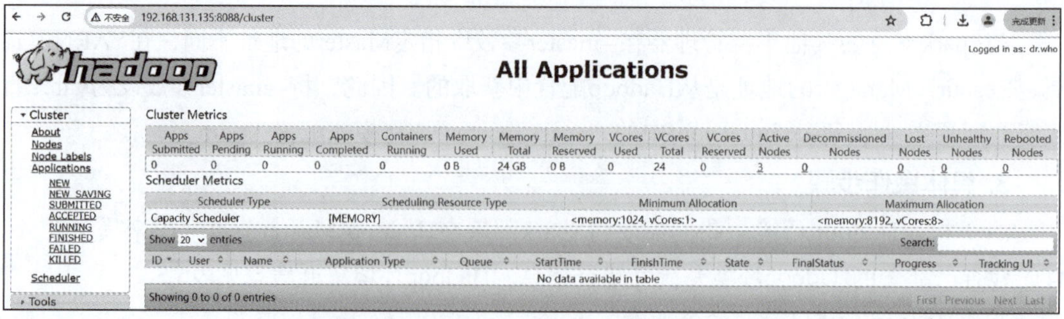

图 6-7 master 节点 YARN 状态

（2）在Hadoop集群的Master节点上部署Spark。

①配置Scala环境。将Scala压缩包上传到data文件夹下，然后解压至/opt目录下，命令如下：

```
#解压 scala 压缩包
[root@master data]#tar -zxvf /data/scala-2.11.8.tgz-C /opt/
#修改文件名称，方便填写
[root@master data]#mv /opt/scala-2.11.8/ /opt/scala/
#设置环境变量，添加 2 行内容
[root@master data]#vim /etc/profile
#scala
export SCALA_HOME=/opt/scala
export PATH=$PATH:$SCALA_HOME/bin
#使配置的环境变量生效
[root@master data]#source /etc/profile
[root@master data]#scala -version
Scala code runner version 2.11.8--Copyright 2002-2016,LAMP/EPFL
```

②配置Spark环境。将Spark压缩包上传到data文件夹下，然后解压至/opt目录下，命令如下：

```
#解压 spark 压缩包
[root@master data]#tar -zxvf /data/spark-2.1.1-bin-hadoop2.7.tgz -C /opt/
#修改文件名称，方便填写
[root@master data]#mv /opt/spark-2.1.1-bin-hadoop2.7 /opt/spark
#设置环境变量，添加 2 行内容
[root@master data]#vim /etc/profile
#spark
export SPARK_HOME=/opt/spark
export PATH=$PATH:$SPARK_HOME/bin:$PATH
```

③准备spark-shell运行所需要的jar包，命令如下：

```
[root@master~]#hdfs dfs -mkdir /spark_jars
[root@master data]#hdfs dfs -put /opt/spark/jars/*/ spark_jars
```

④修改Spark配置文件。在master节点修改spark-defaults.conf，命令如下：

```
[root@master data]#cp /opt/spark/conf/spark-defaults.conf.template /opt/spark/conf/spark-defaults.conf
[root@master data]#vim /opt/spark/conf/spark-defaults.conf
```

添加如下配置：

```
spark.master spark://master:7077
spark.yarn.jars hdfs://master:9000/spark_jars/*
```

在master节点修改spark-env.sh，命令如下：

```
[root@master data]#cp /opt/spark/conf/spark-env.sh.template /opt/spark/conf/spark-env.sh
[root@master data]#vim /opt/spark/conf/spark-env.sh
```

添加如下配置：

```
export JAVA_HOME=/opt/java
export SCALA_HOME=/opt/scala
export SPARK_MASTER_IP=master
export SPARK_MASTER_PORT=7077
export HADOOP_CONF_DIR=/opt/hadoop/etc/hadoop
```

```
export YARN_CONF_DIR=/opt/hadoop/etc/hadoop
```

在master节点修改slave，命令如下：

```
[root@master data]#cp /opt/spark/conf/slaves.template /opt/spark/conf/slaves
[root@master data]#vim /opt/spark/conf/slaves
```

添加如下配置：

```
master
slave1
slave2
```

⑤将配置文件分发到其他机器。在master节点上通过spc分发Java、Scala、Spark安装配置文件以及环境变量配置文件，命令如下：

```
[root@master data]#scp -r /opt/java/ root@slave1:/opt/
[root@master data]#scp -r /opt/java/ root@slave2:/opt/
[root@master data]#scp -r /opt/scala/ root@slave1:/opt/
[root@master data]#scp -r /opt/scala/ root@slave2:/opt/
[root@master data]#scp -r /opt/spark/ root@slave1:/opt/
[root@master data]#scp -r /opt/spark/ root@slave2:/opt/
[root@master data]#scp /etc/profile root@slave1:/etc/
[root@master data]#scp /etc/profile root@slave2:/etc/
```

⑥三台节点均刷新环境变量：

```
[root@master data]#source /etc/profile
[root@slave1~]#source /etc/profile
[root@slave2~]#source /etc/profile
```

⑦配置YARN以运行Spark任务。修改/opt/hadoop/etc/hadoop/yarn-site.xml文件命令如下：

```
[root@master data]#vim /opt/hadoop/etc/hadoop/yarn-site.xml
```

添加如下配置：

```
<property>
    <name>yarn.nodemanager.pmem-check-enabled</name>
    <value>false</value>
</property>
<property>
    <name>yarn.nodemanager.vmem-check-enabled</name>
    <value>false</value>
</property>
```

⑧将修改的Hadoop部署配置文件同步到其他节点，命令如下：

```
[root@master data]#scp - r/opt/hadoop/etc/hadoop/yarn-site.xml root@slave1:/opt/hadoop/etc/hadoop/yarn-site.xml
yarn-site.xml 100% 1619 106.6KB/s 00:00
[root@master data]#scp -r /opt/hadoop/etc/hadoop/yarn-site.xml root@slave2:/opt/hadoop/etc/hadoop/yarn-site.xml
yarn-site.xml 100% 1619 106.6KB/s 00:00
```

（3）验证Spark on YARN。提交spark-submit任务，查看任务的执行情况，命令如下：

```
[root@master data]#spark-submit --class org.apache.spark.examples.
SparkPi --master yarn --deploy-mode cluster --driver-memory 4g --executor-
memory 2g --executor-cores 2 --queue default/opt/spark/examples/jars/
spark-examples_2.11-2.1.1.jar 10
```

上述命令的输出结果如下：

```
24/08/14 18:19:31 INFO client.RMProxy:Connecting to ResourceManager at
master/192.168.131.135:8032
24/08/14 18:19:31 INFO yarn.Client:Requesting a new application from
cluster with 3 NodeManagers
24/08/14 18:19:31 INFO yarn.Client:Verifying our application has not requested
more than the maximum memory capability of the cluster (8192 MB per container)
24/08/14 18:19:31 INFO yarn.Client:Will allocate AM container,with 4505
MB memory including 409 MB overhead
24/08/14 18:19:31 INFO yarn.Client:Setting up container launch context
for our AM
24/08/14 18:19:31 INFO yarn.Client:Setting up the launch environment for
our AM container
......
24/08/14 18:20:13 INFO yarn.Client:Application report for application_
1723630168223_0002 (state:FINISHED)
24/08/14 18:20:13 INFO yarn.Client:
    client token:N/A
    diagnostics:N/A
    ApplicationMaster host:192.168.131.137
    ApplicationMaster RPC port:0
    queue:default
    start time:1723630775956
    final status:SUCCEEDED
    tracking URL:http://master:8088/proxy/application_1723630168223_0002/
    user:root
24/08/14 18:20:13 INFO yarn.Client:Deleted staging directory hdfs://
master:9000/user/root/.sparkStaging/application_1723630168223_0002
24/08/14 18:20:13 INFO util.ShutdownHookManager:Shutdown hook called
24/08/14 18:20:13 INFO util.ShutdownHookManager:Deleting directory/tmp/
spark-bfb699eb-0390-4ae5-a9fa-ceb0573fc379
```

查看YARN的Web UI，确认Spark在YARN上运行，如图6-8所示。

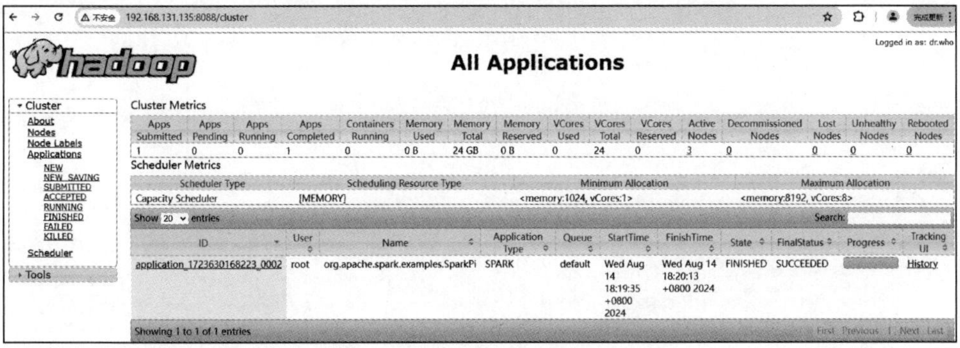

图 6-8　Spark 在 YARN 上运行

单击Application任务，并查看其Log日志，如图6-9所示。

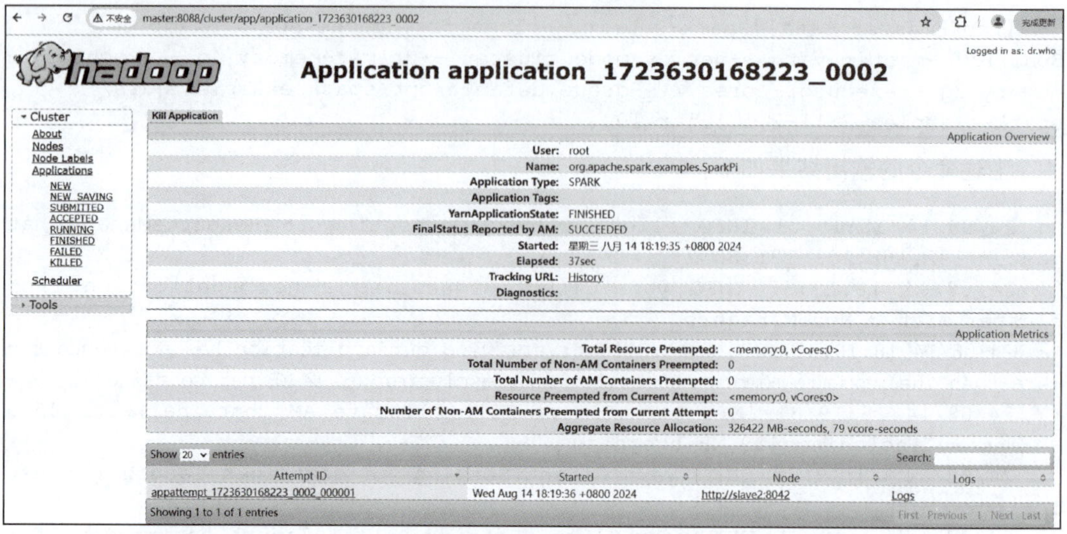

图 6-9 Spark Log 日志

单击Logs中的标准输出查看结果，Spark Pi任务的输出结果如图6-10所示。

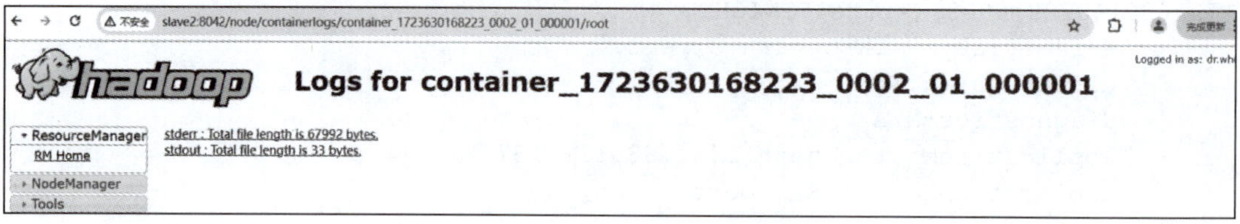

图 6-10 Spark Pi 任务输出结果

将最终结果输出到stdout中，查看Pi值，如图6-11所示。

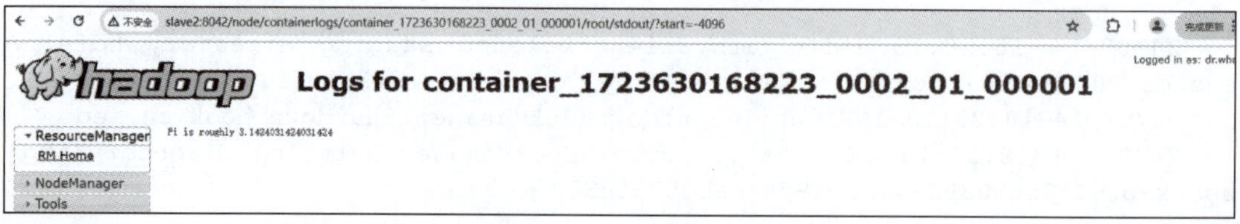

图 6-11 查看 Pi 值

项目七

安装与配置 HBase 组件

任务一　搭建伪分布式 HBase

HBase的安装和运行需要依赖于JDK和Hadoop，因此必须将HBase安装操作的基础环境提前安装准备好，才能进行HBase的安装和操作。本任务要求在前面已完成安装部署Hadoop平台的master节点上，完成HBase伪分布式的安装和部署，安装完成后需要启动并访问HBase。一般在测试场景下经常会部署单节点的伪分布式HBase，理解并掌握HBase伪分布式的安装部署，可以为后续生产环境下部署HBase分布式集群打下基础。

视频

HBase安装、原理及伪分布式部署

7.1.1　HBase的原理

1. HBase介绍

HBase，全称为Hadoop DataBase，是一个高性能、高可靠性、面向列、可伸缩的分布式存储系统，使用HBase技术，可以在廉价PC服务器上搭建大规模的结构化存储集群。HBase是GoogleBigTable的开源实现，它模仿并提供了基于Google文件系统的BigTable数据库的所有功能。

HBase的整体架构如图7-1所示，HBase数据库主要由客户端Client、协调服务模块ZooKeeper、主节点服务HMaster、从节点服务HRegionServer和数据表分片HRegion共5个核心功能模块组成。HBase使用Hadoop HDFS作为其文件存储系统；使用Hadoop MapReduce来处理HBase中的海量数据，使用ZooKeeper作为协同服务。

此外，Pig和Hive还为HBase提供了高层语言支持，使在HBase上进行数据统计变得非常简单；Sqoop则为HBase提供了方便的传统关系数据库的数据导入功能，使传统数据库数据向HBase中的迁移变得非常方便。

HBase的设计目的是处理非常庞大的表，甚至能使用普通的计算机处理超过十亿行的、由数百万列元素组成的数据表的数据。

HBase的特点有以下几个。

（1）容量大：一个表支持上亿行、上百万列的数据规模，达到TB甚至PB级别的数据容量。

（2）面向列：面向列表的存储和权限控制，列独立检索。

（3）稀疏性：对于为空（NULL）的列，并不占用存储空间，因此，表可以设计得非常稀疏。

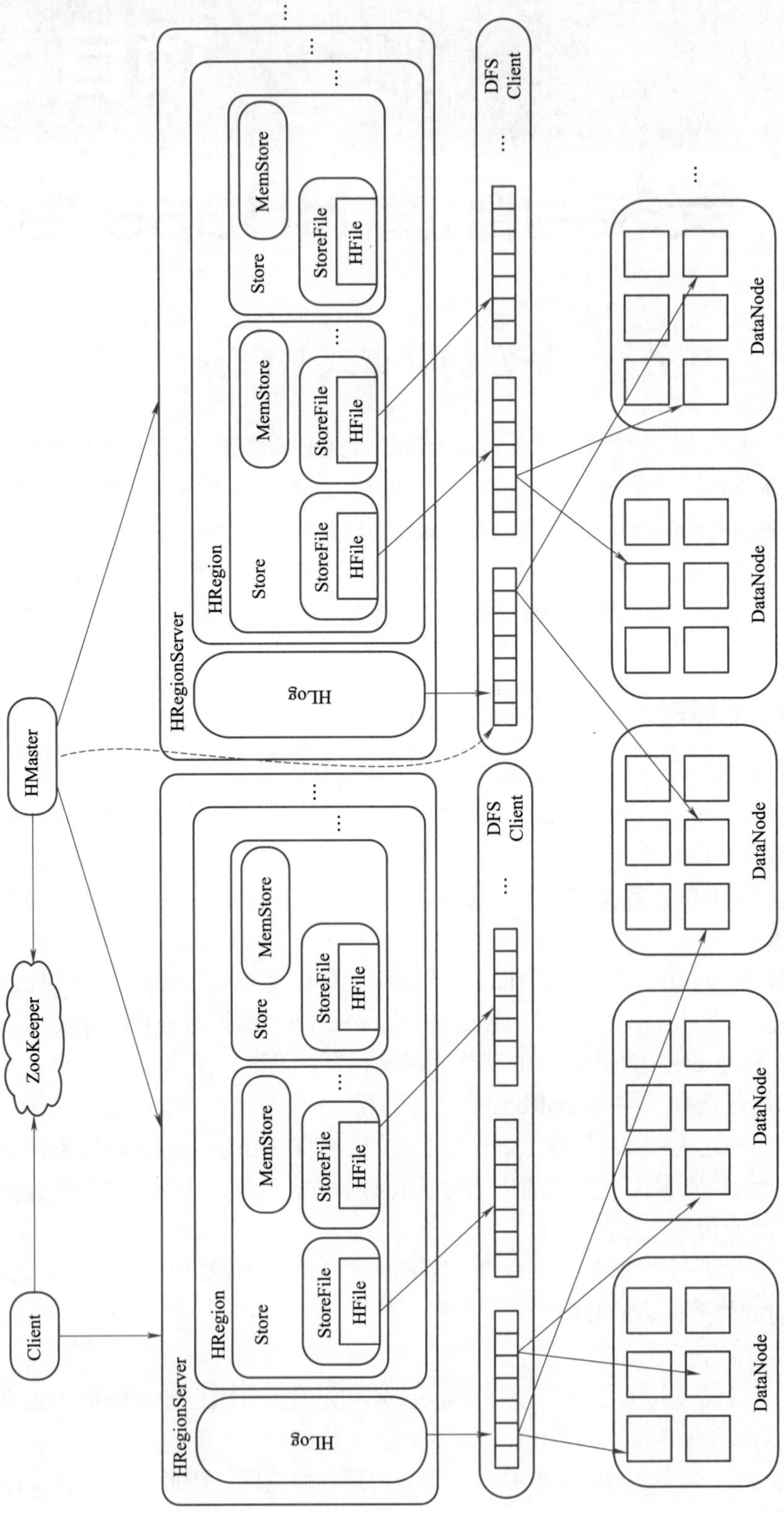

图 7-1 HBase 整体架构

（4）无模式：每行都有一个可排序的主键和任意数量的列，列可以根据需要动态地增加，同一个表中不同的行可以有截然不同的列。

（5）数据多版本：每个单元中的数据可以有多个版本，默认情况下版本号自动分配，是单元格插入时的时间戳。

（6）数据类型单一：数据都是字符串，无类型区别。

2. HBase与传统关系型数据库的对比分析

HBase与传统关系型数据库存在很大的区别，它按照BigTable模型开发，是一个稀疏的、分布式的、多维度的排序映射表。HBase是一个基于列模式的映射数据库，它只能表示很简单的"键-数据"映射关系，因而大大简化了传统的关系型数据库。

1）传统的关系型数据库的特点

（1）面向磁盘存储和索引结构。

（2）多线程访问。

（3）基于锁的同步访问机制。

（4）基于日志记录的恢复机制。

2）HBase和传统型关系数据库的具体区别

（1）数据类型：HBase只有简单的字符串类型，所有其他类型都由用户自己定义，它只保存字符串，而关系型数据库有丰富的数据类型和存储方式。

（2）数据操作：HBase只提供很简单的插入、查询、删除、清空等操作，且HBase的表和表之间是分离的，没有复杂的表间关系，也没必要实现表和表之间的关联等操作，而传统的关系型数据库通常有各种各样的函数和连接操作。

（3）存储模式：HBase是基于列存储的，几个文件保存在一个列族中，不同列族的文件是分离的，而传统的关系型数据库是基于表格结构和行模式保存的。

（4）数据维护：HBase的更新其实不是更新，只是一个主键或列对应的新版本，其旧有的版本仍然会保留，所以实际上只是插入了新的数据，而不是传统关系型数据库中的替换修改。

（5）可伸缩性：HBase能够轻易地增加或减少（在硬件错误时）硬件数量，且对错误的兼容性较高，而传统的关系型数据库通常需要增加中间层才能实现类似的功能。

（6）相比之下，BigTable和HBase这类基于列模式的分布式数据库显然更适应海量存储和互联网应用的需求：首先，灵活的分布式架构使其可以利用廉价的硬件设备组建庞大的数据仓库；其次，互联网应用是以字符为基础的，而Big Table和HBase正是针对这些应用而开发出来的数据库。

3. HBase与HDFS的对比

HBase使用Hadoop HDFS作为其文件存储系统，HBase与HDFS的对比见表7-1。

表 7-1　HBase 与 HDFS 的对比

比　较　项	HBase	HDFS
写入方式	随机写入	仅能追加
扫描方式	随机读取、小范围扫描、全表扫描	全表扫描、分区扫描
读写方式	适合随机读写存储在 HDFS 上的数据	适合只写或多次读取的方式

续表

比 较 项	HBase	HDFS
删除方式	指定删除	不支持指定删除，只能全表删除
SQL 性能	比 HDFS 慢 4~5 倍	需要借助如 Hive 或 Spark SQL 工具
结构化存储	列族、列	较随意、序列化文件
存储量	1 PB 左右	30 PB 左右
数据分布	表格根据 Regions 分布到不同集群中，当数据增长时，会自动分割 Regions 然后重新分布	数据以分布式方式存储在集群中的节点上。数据会被分成块，然后存储在 HDFS 集群中存在的节点上
数据存储	所有数据都以表、行和列的形式存储	所有数据都以小文件的形式存储，一般文件的大小为 64 MB
数据模型	基于 Google 的 BigTable 模型，该模型使用键值对进行存储	在 HDFS 中，使用 MapReduce 技术将文件划分为 key/value
使用场景	HBase能够处理大规模的数据，它不适于批次分析，但它可以向 Hadoop 实时地调用数据	HDFS 最适于执行批次分析，无法执行实时分析

7.1.2 HBase的体系架构

HBase的表结构的设计和关系型数据库不同，首先，HBase需要为每个表确定一个唯一的主键rowkey，后续的查询操作都基于rowkey进行查询。其次，和关系型数据库需要设计表中的字段不同，HBase仅需要为表设计好列族即可，列族中的列，在插入数据时指定即可。

1. HBase的数据模型

HBase是一个稀疏、多维度、排序的映射表，这个表的索引是行键、列族、列限定符和时间戳，每个值是一个未经解释的字符串，没有数据类型。用户在表中存储数据，每一行都有一个可排序的行键和任意多的列，表在水平方向由一个或多个列族组成。一个列族中可以包含任意多个列，同一个列族中的数据存储在一起，列族支持动态扩展，可以很轻松地添加一个列族或列，无须预先定义列的数量及类型。所有列均以字符串形式存储，用户需要自行进行数据类型的转换。

HBase中执行更新操作时，并不会删除数据旧的版本，而是生成一个新的版本，旧有的版本仍然保留（这和HDFS只允许追加不允许修改的特性相关）。

（1）表：HBase采用表来组织数据，表由行和列组成，列划分为若干个列族。

（2）行：rowkey保存为字节数组，是用来检索记录的主键，可以是任意字符串（最大长度为64 kB）。存储时，数据按照rowkey的字典序（byte order）排序存储。设计key时，要充分考虑排序存储这个特性，将经常一起读取的行存储放到一起（位置相关性）。

（3）列族：由两部分组成，即column family和qualifier。列族是表的一部分（而列不是），必须在使用表之前定义。列名都以列族作为前缀，如courses:history、courses:math都属于courses这个列族。有关联的数据应都放在一个列族中，否则会降低读写效率。目前HBase并不能很好地处理多个列族，建议最多使用2个列族。

（4）列限定符：列族中的数据通过列限定符（或列）来定位。

（5）时间戳：HBase中通过row和columns确定的一个存储单元称为cell。每个cell都保存着同一份数据的多个版本。版本通过时间戳来索引，时间戳的类型是64位整型。时间戳可以由HBase（在数据写入时自动）赋值，此时时间戳是精确到毫秒的当前系统时间。时间戳也可以由客户显式赋值。如果应用程序要避免数据版本冲突，就必须自己生成具有唯一性的时间戳。在每个cell中，不同版本的数据按照时间倒序排序，即最新的数据排在最前面。为了避免数据存在过多版本造成的管理（包括存储和索引）负担，HBase提供了两种数据版本回收方式，一种是保存数据的最后n个版本，另一种是保存最近一段时间内的版本（如最近7天）。用户可以针对每个列族进行设置。

（6）cell：在HBase表中，通过行、列族和列限定符确定一个“单元格”（cell），由{rowkey，column（=<family>+label>）,version}唯一确定单元格的数据。cell中的数据是没有类型的，全部是字节码形式存储。

2. 面向列的存储结构

在HBase中，表的索引是行关键字、列关键字和时间戳，每个值是一个不加解释的字符数组，数据则都是字符串，没有其他类型。HBase数据实例见表7-2。

表 7-2　HBase 数据实例

行　键	时　间　戳	列　族	
		URL（统一资源定位符）	Parser（解析器）
rl	t3	url=http://www.taobao***.com	title= 天天特价
	t2	host=taobao.com	—
	tl	—	—
r2	t5	url=http://www.alibaba***.com	content= 每天
	t4	host=alibaba.com	—

1）HBase的概念视图

可以将一个HBase表看作一个大的映射关系，通过行键或行键+时间戳，就可以定位一行数据，由于是稀疏数据，所以某些列可以是空白的。HBase表所存储数据的概念视图见表7-3。

表 7-3　HBase 表所存储数据的概念视图

行　键	时　间　戳	列“内容”	列“锚点”		列“MIME 类型”
"com.cnn.www"	t9	—	"anchor:cnnsi.com"	"CNN"	—
	t8	—	"anchor:my.look.ca"	"CNN.com"	—
	t6	"<html>c..."	—	—	"text/html"
	t5	"<html>b..."	—	—	—
	t3	"<html>a..."	—	—	—

表7-3是一个Web网页数据的存储片段，其中，行键名是一个反向URL（即com.cnn.www）；contents列族用来存放网页内容；anchor列族存放引用该网页的锚链接文本；CNN

的主页被SportsIlustrater（即SI，CNN的王牌体育节目）和MY-look的主页引用，因此该行包含了名为“anchor:cnnsi.com”和“anchhor:my.look.ca”的两个列；每个网页的锚链接只有一个版本（由时间戳标识，如t9、t8），而contents列则有3个版本，分别由时间戳t3、t5和t6标识。

2）HBase的物理视图

虽然从概念视图来看，HBase中的每个表是由很多行组成的，但是，在物理存储时，它是按照列来保存的。例如，表7-3中的概念视图在物理存储时应该呈现出类似于表7-4～表7-6所示的形态，即表7-3中的视图会被分拆成3个物理视图，见表7-4～表7-6，这3个表分别对应表7-3中的3列，空值将不被存储，所以表7-4会有两行数据，表7-5会有3行数据，表7-6会有一行数据。

表 7-4 HBase 物理视图样例 1

行 键	时 间 戳	列“锚点”	
"com.cnn.www"	t9	"anchor:cnnsi.com"	"CNN"
	t8	"anchor:my.look.ca"	"CNN.com"

表 7-5 HBase 物理视图样例 2

行 键	时 间 戳	列“内容”
"com.cnn,www"	t6	"<html>c.."
	t5	"<html>b..."
	t3	"<html>a.."

表 7-6 HBase 物理视图样例 3

行 键	时 间 戳	列“MIME 类型”
"com.cnn.www"	t6	"text/html"

从物理上来说，HBase是由三种类型的服务器以主从模式构成的。这三种服务器分别是RegionServer、HBaseHMaster和ZooKeeper。

（1）RegionServer负责数据的读写服务。用户通过沟通Regionserver来实现对数据的访问。

（2）HBaseHMaster负责Region的分配及数据库的创建和删除等操作。

（3）ZooKeeper作为HDFS的一部分，负责维护集群的状态（某台服务器是否在线、服务器之间数据的同步操作及Master的选举等）。

另外，HadoopDataNode负责存储所有RegionServer所管理的数据。HBase中的所有数据都是以HDFS文件的形式存储的。出于使RegionServer所管理的数据更加本地化的考虑，RegionServer是根据DataNode分布的。HBase的数据在写入时都存储在本地，但当某一个Region被移除或被重新分配时，就可能发生数据不在本地的情况。这种情况只有在所谓的数据合并（compaction）之后才能解决。NameNode负责维护构成文件的所有物理数据块的元信息（metadata）。

HBase使用rowkey将表水平切割为多个HRegion，从HMaster的角度来看，每一个HRegion

都记录了rowkey的StartKey和EndKey。由于rowkey是可以排序的，所以Client可以通过HMaster节点快速定位每一个rowkey都在哪个HRegion中。HRegion由HMaster节点分配到相应的RegionServer节点中，然后由RegionServer节点负责HRegion的启动和管理及与Client的通信，并实现数据的读操作（使用HDFS）。

HMaster避免了单点故障问题，用户可以启动多个HMaster节点，并通过ZooKeeper的MasterElection机制保证同时只有一个HMaster节点处于Active状态，其他的HMaster节点则处于热备份状态。但是，一般情况下只会启动两个HMaster节点，因为非active状态的HMaster节点会定期和active状态下的HMaster节点通信，获取其最新状态来保证自身的实时更新，如启动的HMaster节点过多，反而会增加active状态下的HMaster节点的负担。HMaster的职责主要包括两大部分，监控RegionServer和管理Region的分配。

ZooKeeper为HBase集群提供协调服务，它管理着HMaster节点和HRegionServer节点的状态（available/alive等），并且会在它们宕机时通知HMaster节点，从而实现HMaster节点之间的故障切换，或对宕机的HRegionServer节点中的HRegion进行修复（将它们分配给其他的HRegionServer节点）。

7.1.3　HBase与JDK、Hadoop版本的兼容关系

HBase是Apache基金会下的Hadoop项目的子项目。Hadoop HDFS为HBase提供了高可靠性的底层存储支持，Hadoop MapReduce为HBase提供了高性能的计算能力。因此，HBase分布式数据库的安装和运行需要依赖于Hadoop平台，在安装HBase之前需要提前安装好Hadoop。

HBase和Hadoop平台一样，都是基于Java语言开发的，也就是它们的原生语言都是Java，因此HBase的安装和运行也需要依赖于JDK。在安装HBase之前需要提前了解HBase和JDK、HBase和Hadoop各版本之间的兼容性、HBase各版本和JDK之间的兼容关系，见表7-7。表中对号表示兼容，叉号表示不兼容，叹号表示未经过官方测试，不推荐使用。

表 7-7　HBase 和 JDK 各版本之间的兼容关系

<table>
<tr><th>HBase 版本</th><th>JDK 6</th><th>JDK 7</th><th>JDK 8</th><th>JDK 11</th><th>JDK 17</th></tr>
<tr><td>HBase 2.6</td><td colspan="2">✘</td><td>✔</td><td>✔</td><td>✔</td></tr>
<tr><td>HBase 2.5</td><td colspan="2">✘</td><td>✔</td><td>✔</td><td>!</td></tr>
<tr><td>HBase 2.4</td><td colspan="2">✘</td><td>✔</td><td>✔</td><td>✘</td></tr>
<tr><td>HBase 2.3</td><td colspan="2">✘</td><td>✔</td><td>!</td><td>✘</td></tr>
<tr><td>HBase 2.0−2.2</td><td colspan="2">✘</td><td>✔</td><td colspan="2">✘</td></tr>
<tr><td>HBase 1.2+</td><td>✘</td><td>✔</td><td>✔</td><td colspan="2">✘</td></tr>
<tr><td>HBase 1.0−1.1</td><td>✘</td><td>✔</td><td>!</td><td colspan="2">✘</td></tr>
<tr><td>HBase 0.98</td><td>✔</td><td>✔</td><td>!</td><td colspan="2">✘</td></tr>
<tr><td>HBase 0.94</td><td>✔</td><td>✔</td><td colspan="3">✘</td></tr>
</table>

通过表7-7可以看出，HBase 2.0以上的版本和JDK 8的兼容性最好，JDK 7不支持，

JDK 9以上的版本未经过官方测试，不推荐使用。HBase 1.2以上2.0以下的版本，JDK 7和JDK 8都可以兼容，JDK 9以上的版本未经过官方测试，不推荐使用。

HBase和Hadoop各版本之间的兼容关系，见表7-8。

表 7-8　HBase 和 Hadoop 各版本之间的兼容关系

Hadoop 版本	HBase 2.0.×	HBase 2.1.×	HBase 2.2.×
Hadoop 2.6.1+	✓	✗	✗
Hadoop 2.7.[0–6]	✗	✗	✗
Hadoop 2.7.7+	✓	✓	✗
Hadoop 2.8.[0–2]	✗	✗	✗
Hadoop 2.8.[3–4]	✓	✓	✗
Hadoop 2.8.5+	✓	✓	✓
Hadoop 2.9.[0–1]	!	✗	✗
Hadoop 2.9.2+	!	!	✓
Hadoop 3.0.[0–2]	✗	✗	✗
Hadoop 3.0.3+	✗	✓	✗
Hadoop 3.1.0	✗	✗	✗
Hadoop 3.1.1+	✗	✓	✓

在安装和部署HBase之前，需要综合考虑HBase与JDK版本和Hadoop版本之间的兼容性，选择合适的HBase版本，并提前安装好JDK和Hadoop，后安装HBase。

HBase的运行模式可以分为独立运行模式（Standalone）和分布式运行模式，独立运行模式是默认的运行模式。在独立运行模式下，HBase默认不使用HDFS作为底层存储，而是使用本地文件系统存储。它在同一个JVM中运行所有的HBase守护进程和本地ZooKeeper。分布式运行模式又可以细分为伪分布式模式和完全分布式集群模式。伪分布式模式可以针对本地文件系统运行，也可以针对Hadoop HDFS的实例运行。完全分布式集群模式只能在HDFS上运行。

根据HBase运行模式的不同，可以将HBase的安装方式分为以下三种，见表7-9。

表 7-9　HBase 的安装方式

编　号	HBase 的安装方式	特　点
1	独立运行模式	单节点、部署简单、使用自带的 ZooKeeper、所有守护进程和 ZooKeeper 进程运行在一个 JVM
2	伪分布式模式	单节点、使用自带的 ZooKeeper、守护进程和 ZooKeeper 进程独立运行
3	完全分布式集群模式	多节点、使用单独搭建的 ZooKeeper 集群、守护进程分布在集群中的所有节点上

在表7-9中的HBase的三种安装方式中，默认情况下，HBase是以独立运行模式运行的。提供独立运行模式和伪分布式模式都是为了进行小规模测试，不能用于生产环境和性

能评估。对于生产环境，建议使用完全分布式集群方式部署集群。后面的任务将详细介绍HBase伪分布式和完全分布式集群部署的具体方法。

7.1.4　HBase伪分布式部署准备

HBase的伪分布式模式，是指在一个节点（即一台主机或服务器）上安装和部署HBase，HBase的所有守护进程和ZooKeeper进程都运行在一台机器上。实际上，伪分布式模式可以看成是单节点的完全分布式集群模式。伪分布式模式和完全分布式集群模式的区别是伪分布式模式可以针对本地文件系统运行，也可以针对Hadoop HDFS的实例运行。完全分布式集群模式只能在HDFS上运行。伪分布式模式一般使用HBase自带的ZooKeeper提供分布式协调服务，而完全分布式集群模式为了降低HBase和ZooKeeper集群的耦合性，便于运行维护，一般不使用自带的ZooKeeper，是单独搭建ZooKeeper集群。

本任务实现HBase伪分布式安装部署的基础是已经在master节点上安装部署好了JDK和伪分布式模式的Hadoop。本任务中选择和已安装的JDK和Hadoop版本相兼容的HBase 1.2.1进行安装，在Apache官方网站下载安装包即可。

搭建HBase伪分布式环境，需要一台主机，并需要提前安装部署好的软件环境，见表7-10。

表 7-10　HBase 伪分布式安装的环境基础

编　号	软件基础	版 本 号
1	操作系统	CentOS 7，主机名 master
2	Java 编译器	JDK
3	伪分布式 Hadoop 平台	Hadoop

通过表7-10可以看出，需要在CentOS 7操作系统环境下的master主机节点上安装部署JDK和伪分布式模式的Hadoop，为实现HBase伪分布式安装部署提供环境基础。

1. 工作流程

搭建伪分布式HBase的基本工作流程如下。

（1）下载并解压HBase安装包。

（2）配置环境变量。

（3）修改配置文件。

（4）启动并测试HBase的搭建结果。

2. 操作步骤

（1）下载并解压HBase安装包。将下载好的HBase安装包复制到CentOS 7操作系统的/data目录下，然后解压到/opt目录下，并修改为短路径名，方便后面环境变量的配置。具体操作命令如下：

```
[root@master~]#tar -zxvf /data/hbase-1.2.1-bin.tar.gz -C /opt/
[root@master~]#mv /opt/hbase-1.2.1 /opt/hbase
```

（2）配置环境变量。在/etc/profile文件中配置HBase安装路径的环境变量，使HBase的操作命令在任意目录下都可以访问，命令如下：

```
[root@master~]#vim /etc/profile
```

在上面文件中添加以下两行内容：

```
#hbase
export HBASE_HOME=/opt/hbase
export PATH=$PATH:$HBASE_HOME/bin
```

运行以下命令使环境变量生效：

```
[root@master~]#source /etc/profile
```

（3）修改HBase安装路径下conf目录中的两个配置文件：hbase-env.sh和hbase-site.xml。

①修改hbase-env.sh文件，命令如下：

```
[root@master~]#vim /opt/hbase/conf/hbase-env.sh
```

在hbase-env.sh文件中增加以下配置命令：

```
export JAVA_HOME=/opt/java
export HADOOP_HOME=/opt/hadoop
export HADOOP_CONF_DIR=${HADOOP_HOME}/etc/hadoop
export HBASE_MANAGES_ZK=true
export HBASE_LOG_DIR=${HBASE_HOME}/logs
export HBASE_PID_DIR=${HBASE_HOME}/pid
```

HBase的运行需要依赖JDK，所以在hbase-env.sh文件中配置了JDK的安装路径JAVA_HOME，此项配置需要和本机实际的JDK安装路径保持一致。HBASE_MANAGES ZK配置项配置为true，表示使用HBase自带的ZooKeeper实现分布式协调服务，如果使用的是单独安装的ZooKeeper，则需要把此配置项修改为false。

②修改hbase-site.xm文件，命令如下：

```
[root@master~]#vim /opt/hbase/conf/hbase-site.xml
```

在hbase-site.xml文件中增加以下配置命令：

```
<configuration>
    <property>
        <name>hbase.rootdir</name>
        <value>hdfs://master:9000/hbase</value>
    </property>
    <property>
        <name>dfs.replication</name>
        <value>1</value>
    </property>
    <property>
        <name>hbase.cluster.distributed</name>
        <value>true</value>
    </property>
</configuration>
```

hbase-site.xml文件中配置的几个配置项的含义如下：hbase.rootdir配置的是HBase数据在HDFS文件系统下的存储路径，这个目录是RegionServer的共享目录，用来持久化

HBase。配置的URL需要包含HDFS文件系统的scheme，即hdfs://开头，后面跟HDFS的主节点主机名和端口号，要和已安装好的Hadoop配置的NameNode主机名和端口号一致。hbase.zookeeper.quorum配置项的含义是ZooKeeper所在节点的主机名。dfs.replication配置的是文件存放的副本数，在伪分布式模式下配置为1即可。hbase.cluster.distributed配置项的含义是是否使用集群模式，默认情况下此配置项的值为false，表示本地模式（Standalone），如果使用伪分布式模式或完全分布式集群模式的话，则都需要将此配置项配置为true。

（4）启动并测试HBase的搭建结果。搭建完伪分布式HBase之后，可以通过start-hbase.sh来启动HBase，因为HBase依赖于Hadoop，所以启动HBase之前需要先启动Hadoop。伪分布式HBase的启动如下所示：

```
[root@master~]#start-hbase.sh
localhost:starting zookeeper,logging to/opt/hbase/bin/../logs/hbase-root-zookeeper-master.out
starting master,logging to/opt/hbase/logs/hbase-root-master-master.out
starting regionserver,logging to/opt/hbase/logs/hbase-root-1-regionserver-master.out
```

执行命令后，在终端运行jps命令查看运行结果，如果已经启动了以下三个HBase相关的进程，说明伪分布式模式HBase启动成功。HBase相关进程如下所示：

```
[root@master~]#jps
3841 HMaster
1813 SecondaryNameNode
2101 NodeManager
1527 NameNode
1623 DataNode
3976 HRegionServer
1963 ResourceManager
3743 HQuorumPeer
4303 Jps
```

查询出进程中的HMaster进程是HBase主节点的进程，HRegionServer是HBase从节点的进程，HQuorumPeer是HBase自带的ZooKeeper启动进程。伪分布式模式主节点和从节点都运行在一台主机上，所以上面三个进程同时出现在这一个节点上。

HBase和Hadoop的关闭顺序是先关闭HBase，再关闭Hadoop。使用stop-hbase.sh命令关闭HBase的过程如下所示。

```
[root@master~]#stop-hbase.sh
stopping hbase..................
localhost:stopping zookeeper.
```

使用stop-hbase.sh命令关闭伪分布式HBase时，会将HMaster、HRegionServer和ZooKeeper的进程HQuorumPeer全部关掉。

视 频

HBase集群规划及相关配置与访问命令

任务二　部署 HBase 完全分布式集群

在真实的生产场景下，通常会使用多个节点的HBase集群进行分布式数据的存储和管理。在Hadoop和ZooKeeper环境部署的基础上，能够进行HBase集群的规划和安装部署，为后续的项目提供操作环境。本任务完成三个节点的HBase集群设计和规划，根据规划完成HBase完全分布式集群的安装部署。

7.2.1 HBase集群规划

在安装部署HBase之前首先进行集群规划，HBase的完全分布式集群环境架构和Hadoop相似，都是主从模式。本任务以三个节点的HBase集群为例演示HBase集群部署的过程，集群的规划见表7-11。

表 7-11 HBase 集群规划

主 机 名	节点环境	用 途
master	CentOS 7、JDK、Hadoop、ZooKeeper	主节点
slave1	CentOS 7、JDK、Hadoop、ZooKeeper	从节点 1
slave2	CentOS 7、JDK、Hadoop、ZooKeeper	从节点 2

综合考虑和JDK及Hadoop版本的兼容性，以及自身版本的稳定性，选择HBase 2.2.6进行集群部署。需要注意的是，master、slave1和slave2节点在安装部署HBase集群之前，都需要提前部署好Hadoop、ZooKeeper集群。

7.2.2 HBase的主要配置项及含义

在安装部署HBase集群的过程中，在hbase-site.xml中我们根据需要进行了一些参数配置，HBase的主要配置项及含义见表7-12，安装时可以根据需要进行配置。

表 7-12 HBase 的主要配置项及含义

配 置 项	含 义
hbase.rootdir	文件系统路径
hbase.cluster.distributed	是否是集群模式，默认为 false
hbase.zookeeper.quorum	ZooKeeper 服务器地址，多个使用逗号分隔
hbase.master.port	HBase Master 绑定的端口，默认为 16000
hbase.master.info.port	HBase Master Web UI 的端口，-1 为不运行 UI 实例，默认为 16010
hbase.master.info.bindAddress	HBase Master Web UI 绑定的地址，默认为 0.0.0.0
hbase.regionserver.port	HBase RegionServer 绑定的端口，默认为 16020
hbase.regionserver.info.por	HBase RegionServer Web UI 的端口，-1 表示 RegionServer UI 不运行，默认为 16030
hbase.regionserver.info.bindAddress	HBase RegionServer Web UI 的地址，默认为 0.0.0.0
zookeeper.session.timeout	ZooKeeper 会话超时时间（毫秒），默认为 90000
zookeeper.znode.parent	ZooKeeper 中 HBase 的 Root ZNod，默认为 /hbase

7.2.3 HBase访问命令

HBase集群采用的是主/从模式，启动集群时，只需要在主节点上执行启动命令start-hbase.sh即可启动HBase集群。需要注意的是，HBase集群依赖于Hadoop和ZooKeeper所以在启动集群之前需要保证Hadoop和ZooKeeper已经启动。

虽然只需要在终端执行这一条命令就可以实现整个HBase集群的启动，底层具体的启动流程是比较复杂的。执行start-hbase.sh命令后，首先会调用hbase-daemons.sh逐步启动ZooKeeper、Master、RegionServer、master-backup相关进程。启动每个进程时会调用各进程相关的脚本（如RegionServer会调用regionservers.sh）来进行环境的配置，并通过SSH远程登录其他从节点的机器上，执行hbase-daemon.sh来启动从节点上的进程。具体执行过程如图7-2 HBase启动的过程所示。

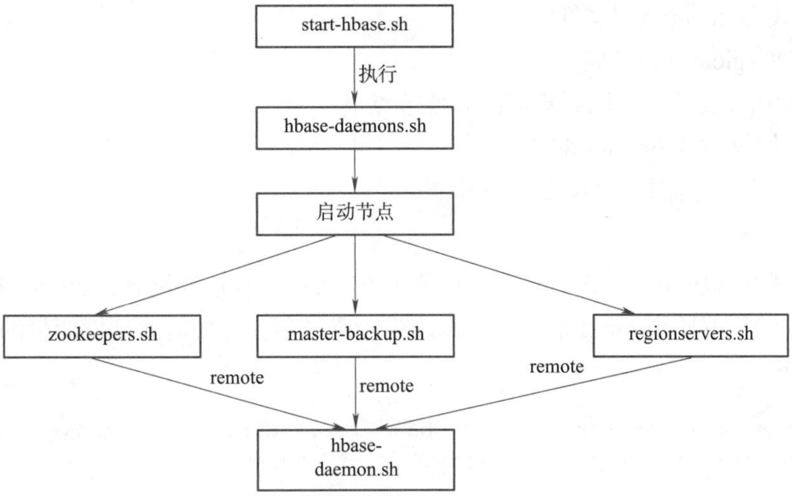

图 7-2　HBase 启动的过程

关闭HBase集群，直接在主节点上运行stop-hbase.sh命令即可。调用hbase-daemon.sh依次关闭主节点上的进程，并远程登录从节点关闭从节点上的相关进程。

hbase-daemon.sh脚本的职责就是启动各进程，在启动过程中会先做进程判断、日志滚动等准备，最后执行启动命令，逐步地启动各节点上的进程。在启动过程中，会在屏幕中打印启动信息。可以使用hbase-daemon.sh命令来单独启动某一个进程，相关命令见表7-13。

表 7-13　单独启动 HBase 相关进程的命令

命　令	含　义
hbase-daemon.sh start master	单独启动一个 HMaster 进程
hbase-daemon.sh stop master	单独停止一个 HMaster 进程
hbase-daemon.sh start regionserver	单独启动一个 HRegionServer 进程
hbase-daemon.sh stop regionserver	单独停止一个 HRegionServer 进程

7.2.4　基于Web UI监控HBase的状态

通过前面的HBase的配置选项可以看出，HBase为主节点和从节点都提供了默认的Web浏览器访问的HTTP端口号。HMaster的HTTP端口号为16010，HRegionServer的端口号为16030。需要注意的是，HBase 1.0之前的版本主从节点使用的HTTP端口号分别是60010和60030，需要注意区分。

如果所有的设置都正确，就能够通过浏览器连接到主节点查看HMaster的状态，访问方式为http://主节点主机名（或IP）:16010，然后即可访问到页面。

1. 工作流程

部署三个节点的完全分布式HBase集群的基本工作流程如下。

（1）下载并解压HBase安装包。

（2）配置环境变量。

（3）修改hbase-env.sh配置文件。

（4）修改hbase-site.xml文件。

（5）修改regionsevers文件。

（6）将HBase安装包复制到集群的其他节点上。

（7）启动并检查HBase的搭建结果。

（8）通过浏览器监控HBase的运行状态。

2. 操作步骤

（1）下载并解压HBase安装包。将下载好的HBase安装包复制到CentOS 7操作系统的/data目录下，然后解压到/opt目录下，并修改为短路径名，方便后面环境变量的配置。具体操作命令如下：

```
[root@master~]#tar -zxvf /data/hbase-1.2.1-bin.tar.gz -C /opt/
[root@master~]#mv /opt/hbase-1.2.1 /opt/hbase
```

（2）配置环境变量。在/etc/profile文件中配置HBase安装路径的环境变量，使HBase的操作命令在任意目录下都可以访问，命令如下：

```
[root@master~]#vim /etc/profile
```

在上面文件中添加以下两行内容：

```
#hbase
export HBASE_HOME=/opt/hbase
export PATH=$PATH:$HBASE_HOME/bin
```

运行以下命令使环境变量生效：

```
[root@master~]#source /etc/profile
```

（3）修改HBase安装路径下conf目录中的两个配置文件：hbase-env.sh和hbase-site.xml。

①修改hbase-env.sh文件，命令如下：

```
[root@master~]#vim /opt/hbase/conf/hbase-env.sh
```

在hbase-env.sh文件中增加以下配置命令：

```
export JAVA_HOME=/opt/java
export HADOOP_HOME=/opt/hadoop
export HADOOP_CONF_DIR=${HADOOP_HOME}/etc/hadoop
export HBASE_MANAGES_ZK=false
export HBASE_LOG_DIR=${HBASE_HOME}/logs
export HBASE_PID_DIR=${HBASE_HOME}/pid
```

②修改hbase-env.sh文件，命令如下

```
[root@master~]#vim /opt/hbase/conf/hbase-site.xml
```

在hbase-site.xml文件中增加以下配置命令：

```
<configuration>
    <!-- 指定 HBase 在 HDFS 上的存储路径 -->
    <property>
        <name>hbase.rootdir</name>
        <value>hdfs://master:9000/hbase</value>
    </property>
    <!-- 指定 ZooKeeper 的地址，多个地址使用逗号分隔 -->
    <property>
        <name>hbase.zookeeper.quorum</name>
        <value>master,slave1,slave2</value>
    </property>
    <!-- 指定 HBase 采用的分布式模式 -->
    <property>
        <name>hbase.cluster.distributed</name>
        <value>true</value>
    </property>
</configuration>
```

③修改hbase目录下conf目录中的regionservers文件，在文件中配置从节点Region Server的地址为slave1和slave2节点，命令如下：

```
[root@master~]#vim /opt/hbase/conf/regionservers
```

添加如下信息：

```
slave1
slave2
```

（4）将配置好的HBase安装包复制到其他两个节点，在终端上执行以下两条命令即可，命令如下：

```
[root@master~]#scp -r /opt/hbase root@slave1:/opt
[root@master~]#scp -r /opt/hbase root@slave2:/opt
```

通过以上步骤的安装配置，HBase集群已经部署好了，下面将进行集群的启动和关闭等操作演示。

（5）启动并检查HBase的搭建结果。执行start-hbase.sh命令启动HBase，启动命令执行完毕后，使用jps命令检查各节点运行的进程：主节点应该启动HMaster进程，各从节点应启动HRegionServer进程。主节点和从节点上的进程分别如下所示。

```
[root@master~]#start-hbase.sh
starting master,logging to/opt/hbase/logs/hbase-root-master-master.out
slave1:starting regionserver,logging to/opt/hbase/bin/../logs/hbase-root-
regionserver-slave1.out
slave2:starting regionserver,logging to/opt/hbase/bin/../logs/hbase-
root-regionserver-slave2.out
```

master节点进程：

```
[root@master~]#jps
1521 NameNode
1810 SecondaryNameNode
3522 Jps
1620 DataNode
2102 NodeManager
2390 QuorumPeerMain
3286 HMaster
1960 ResourceManager
```

slave1节点进程：

```
[root@slave1~]#jps
2033 HRegionServer
2225 Jps
1444 NodeManager
1381 DataNode
1626 QuorumPeerMain
```

slave2节点进程：

```
[root@slave2~]#jps
1377 DataNode
1441 NodeManager
2259 Jps
1623 QuorumPeerMain
2074 HRegionServer
```

（6）使用Web UI监控HBase的状态。在浏览器的地址栏中输入master01:16010，即可访问HBase，如图7-3所示。

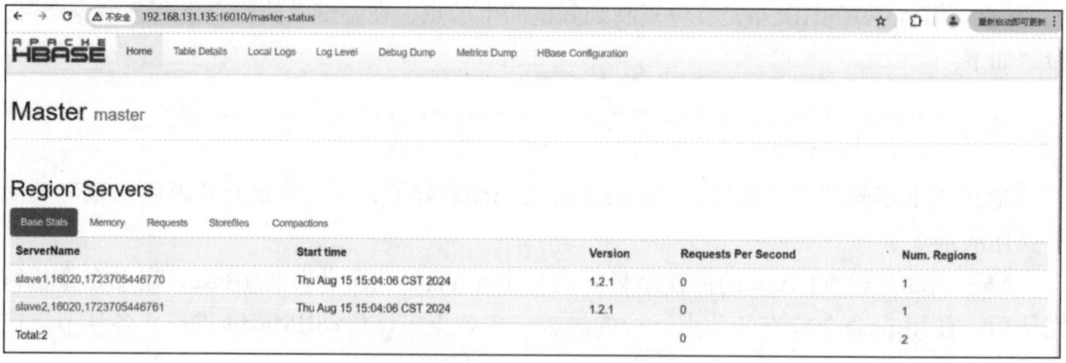

图 7-3　HBase Web UI 界面

还可以通过HDFS的Web UI端口号50070，来查看HBase在HDFS下的存储结构，如图7-4所示，可以看出HBase在HDFS下存储的数据根目录为/hbase。

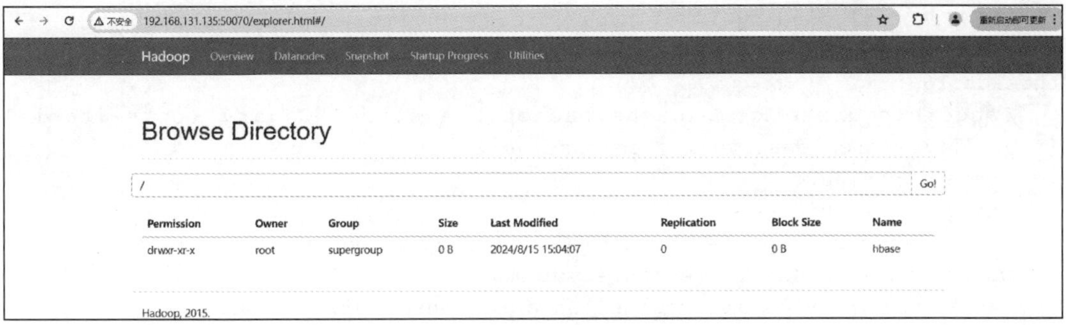

图 7-4　HBase 在 HDFS 下的存储结构

视频

HBase监控、集群优化及RowKey设计优化方案

任务三　运维 HBase 集群

本任务要求借助工具进行HBase运行监控，通过监控、日志等工具进行HBase运行和应用的问题排查，并将问题成功解决。

7.3.1　HBase监控工具介绍

本文所涉及的HBase工具均为开源自带工具，不涉及厂商自研的优化和运维工具。下面主要介绍Canary工具。

HBase Canary是检测HBase集群当前状态的工具，使用简单的查询来检查HBase上的Region是否可用（可读）。它主要分为以下两种模式。

（1）Region模式（默认）,对每个Region下的每个列族随机查询一条数据，查询打印是否成功及查询时延，例如，对student表进行检查：

```
[root@master~]#hbase org.apache.hadoop.hbase.tool.Canary student
```

注意：不指定表时会扫描所有的Region。

（2）RegionServer模式，在每个RegionServer上随机选择一个表进行查询，查询打印是否成功及查询时延。例如，对一个RegionServer进行检查：

```
[root@master~]#hbase org.apache.hadoop.hbase.tool.Canary-regionserver slave1
```

注意：不指定RegionServer时扫描所有的RegionServer。

Canary还可以指定一些简单的参数，参考内容如下。

HBase Canary用于检测HBase系统的状态。它对指定表的每一个Region抓取一行，来探测失败或延迟。通过-help选项查看Canary工具的主要参数，命令如下：

```
[root@master~]#hbase org.apache.hadoop.hbase.tool.Canary-help
SLF4J:Class path contains multiple SLF4J bindings.
SLF4J:Found binding in [jar:file:/opt/hbase/lib/slf4j-log4j12-1.7.5.jar!/org/slf4j/impl/StaticLoggerBinder.class]
SLF4J:Found binding in [jar:file:/opt/hadoop/share/hadoop/common/lib/slf4j-log4j12-1.7.10.jar!/org/slf4j/impl/StaticLoggerBinder.class]
SLF4J:See http://www.slf4j.org/codes.html #multiple_bindings for an explanation.
```

```
    SLF4J:Actual binding is of type [org.slf4j.impl.Log4jLoggerFactory]
    2024-08-15 15:22:07,321 INFO [main] tool.Canary:Number of exection
threads 16
    Usage:bin/hbase org.apache.hadoop.hbase.tool.Canary [opts][table1
[table2]...]|[regionserver1 [regionserver2]..]
    where [opts] are:
    -help  Show this help and exit.
    -regionserver  replace the table argument to regionserver,
    which means to enable regionserver mode
    -allRegions  Tries all regions on a regionserver,
    only works in regionserver mode.
    -daemon  Continuous check at defined intervals.
    -interval <N> Interval between checks (sec)
    -e  Use region/regionserver as regular expression
    which means the region/regionserver is regular expression pattern
    -f <B> stop whole program if first error occurs,default is true
    -t <N> timeout for a check,default is 600000 (milisecs)
    -writeSniffing enable the write sniffing in canary
    -treatFailureAsError treats read/ write failure as error
    -writeTable  The table used for write sniffing. Default is hbase:canary
    -D<configProperty>=<value> assigning or override the configuration params
```

主要参数应用实例如下。

（1）检测每一个表的每一个Region的每一个列族，命令如下：

```
[root@master~]#hbase org.apache.hadoop.hbase.tool.Canary-allRegions
```

（2）检测指定表的每一个Region的每一个列族，表之间使用空格分隔，命令如下：

```
[root@master~]#hbase org.apache.hadoop.hbase.tool.Canary test-01 test-02
```

（3）检测RegionServer，命令如下：

```
[root@master~]#hbase org.apache.hadoop.hbase.tool.Canary-regionserver
```

（4）以daemon模式运行，命令如下：

```
[root@master~]#hbase org.apache.hadoop.hbase.tool.Canary-regionserver-daemon
```

时间间隔为50 000 ms，出现错误不会停止，命令如下：

```
    [root@master~]#hbase org.apache.hadoop.hbase.tool.Canary-daemon-interval
50000-f false
```

（5）指定超时，命令如下：

```
[root@master~]#hbase org.apache.hadoop.hbase.tool.Canary-daemon-t 6000000
```

7.3.2 HBase集群优化

1. HBase高可用

在HBase中，HMaster负责监控HRegionServer的生命周期，均衡RegionServer的负载，如果HMaster进程终止了，那么整个HBase集群将陷入不健康的状态，并且此时的工作状态并不会维持太久。所以HBase支持对HMaster的高可用配置。

HMaster高可用实现了对HMaster的容错性，一旦HMaster宕机，Zookeeper可以重新选 择一个新的HMaster；但是，HBase集群即使没有了HMaster，仍然可以读取、删除、插入数据（事实上由RegionServer负责完成），只是不能再执行创建表、删除表、修改表，Region的拆分、合并、移动，以及负载均衡等操作。

HBase集群的高可用配置很简单，在配好HBase集群的前提下，在集群中选择一个节点作为Master节点，在它的conf目录下创建文件backup-masters，然后在文件backup-masters中添加备用主节点的主机名，可以在文件中配置多条主机名，即配置多个backupmaster。

2. rowkey设计优化

一条数据的唯一标识就是rowkey，那么这条数据存储于哪个分区，取决于rowkey处于哪个预分区的区间内。设计rowkey的主要目的是让数据均匀地分布在所有的Region中，在一定程度上防止数据倾斜。下面介绍rowkey常用的设计方案。

1）生成随机数、hash、散列值

例如，原本的rowkey为1001，使用散列哈希算法处理后变成dd01903921ea24941c26a48f2cec24e0bb0e8cc7；原本的rowkey为3001，使用散列哈希算法处理后变成49042c54de64ale9bf0b33e00245660ef92dc7bd；原本的rowkey为5001，使用散列哈希算法处理后变成7b61dec07e02c188790670af43e717f0f46e8913。

在进行此操作之前，一般会选择从数据集中抽取样本，来决定将哪些行键值rowkey进行散列哈希处理，得到每个分区的临界值。

2）字符串反转

利用字符串反转来作为行键，如将20170524000001转换为10000042507102，将20170524000002转换为20000042507102，这样也可以在一定程度上散列逐步进来的数据。

3）字符串拼接

例如，将20170524000001_a12e字符串和20170524000001_93i7字符串拼接在一起。

3. HBase相关优化参数

1）允许在HDFS的文件中追加内容

配置文件：hdfs-site.xml、hbase-site.xml。

属性：dfs.support.append。

含义：开启HDFS追加同步，可以配合HBase的数据同步和持久化。其默认值为true。

2）优化DataNode允许的最大文件打开数

配置文件：hdfs-site.xml。

属性：dfs.datanode.max.transfer.threads。

含义：HBase一般会同一时间操作大量的文件，根据集群的数量、规模及数据动作，设置为4 096或更高。其默认值为4 096。

3）优化延迟高的数据操作的等待时间

配置文件：hdfs-site.xml。

属性：dfs.image.transfer.timeout。

含义：如果对于某一次数据操作来讲，延迟非常高，socket需要等待更长的时间，建议把该值设置为更大的值（默认为60 000 ms），以确保socket不会被超时掉。

4）优化数据的写入效率

配置文件：mapred-site.xml。

属性：mapreduce.map.output.compress、mapreduce.map.output.compress.codec。

含义：开启这两个数据可以大大提高文件的写入效率，减少写入时间。第一个属性值修改为true，第二个属性值修改为org.apache.hadoop.io.compress.GzipCodec或其他压缩方式。

5）设置RPC监听数量

配置文件：hbase-site.xml。

属性：hbase.regionserver.handler.count。

含义：默认值为30，用于指定RPC监听的数量，也就是RegionServer工作线程数量，可以根据客户端的请求数进行调整，读写请求较多时，增加此值。

6）优化HStore文件大小

配置文件：hbase-site.xml。

属性：hbase.hregion.max.filesize。

含义：默认值为10737418240（10 GB），如果需要运行HBase的MR任务，可以减小此值，因为一个Region对应一个Mapper任务，如果单个Region过大，会导致Mapper任务执行时间过长。该值的含义就是，如果HFile的大小达到这个数值，则这个Region会被切分为两个HFile。

7）优化HBase客户端缓存

配置文件：hbase-site.xml。

属性：hbase.client.write.buffer。

含义：用于指定HBase客户端缓存，增大该值可以减少RPC的调用次数，但是会消耗更多内存。一般我们需要设定一定的缓存大小，以达到减少RPC次数的目的。

8）指定scan.next扫描HBase所获取的行数

配置文件：hbase-site.xml。

属性：hbase.client.scanner.caching。

含义：用于指定scan.next方法获取的默认行数，值越大，消耗内存越大。

4. 集群优化

1）工作流程

按照以下流程完成HBase集群优化。

（1）为HBase集群设置两个backup_master备用主节点，并测试是否能正常切换。

（2）将RPC监听数量提高到100，以有效提高RegionServer的性能。

（3）各小组总结提炼部署和运行HBase集群中出现的问题，以及解决办法，形成总结报告文档。

2）操作步骤

（1）为HBase集群设置两个backup_master备用主节点，并测试是否能正常切换。

①关闭HBase集群（如果没有开启则跳过此步）。

```
[root@master~]#stop-hbase.sh
stopping hbase......
```

②在conf目录下创建backup-masters文件。

```
[root@master~]#touch /opt/hbase/conf/backup-masters
```

③在backup-masters文件中配置高可用HMaster节点。

```
[root@master~]#echo slave1 > /opt/hbase/conf/backup-masters
```

④将整个conf目录scp到其他节点。

```
[root@master~]#scp -r /opt/hbase/conf root@slave1:/opt/hbase
log4j.properties                      100% 4339   5.9MB/s     00:00
hbase-env.cmd                         100% 4537   156.9KB/s   00:00
hadoop-metrics2-hbase.properties      100% 1811   1.5MB/s     00:00
hbase-policy.xml                      100% 2257   86.6KB/s    00:00
hbase-site.xml                        100% 1375   2.4MB/s     00:00
regionservers                         100% 14     0.7KB/s     00:00
hbase-env.sh                          100% 7688   9.3MB/s     00:00
backup-masters                        100% 7      9.1KB/s     00:00
[root@master~]#scp -r /opt/hbase/conf root@slave2:/opt/hbase
log4j.properties                      100% 4339   6.1MB/s     00:00
hbase-env.cmd                         100% 4537   191.4KB/s   00:00
hadoop-metrics2-hbase.properties      100% 1811   1.8MB/s     00:00
hbase-policy.xml                      100% 2257   799.3KB/s   00:00
hbase-site.xml                        100% 1375   2.5MB/s     00:00
regionservers                         100% 14     6.2KB/s     00:00
hbase-env.sh                          100% 7688   8.7MB/s     00:00
backup-masters                        100% 7      10.4KB/s    00:00
```

⑤分别在主节点和备用主节点上访问Web页面http://192.168.131.135:16010/，并测试查看，如图7-5和图7-6所示。

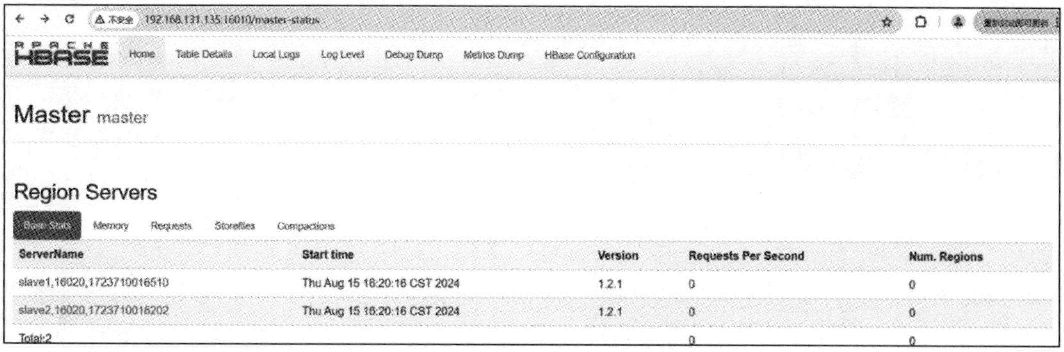

图 7-5　主节点 HBase Web 页面

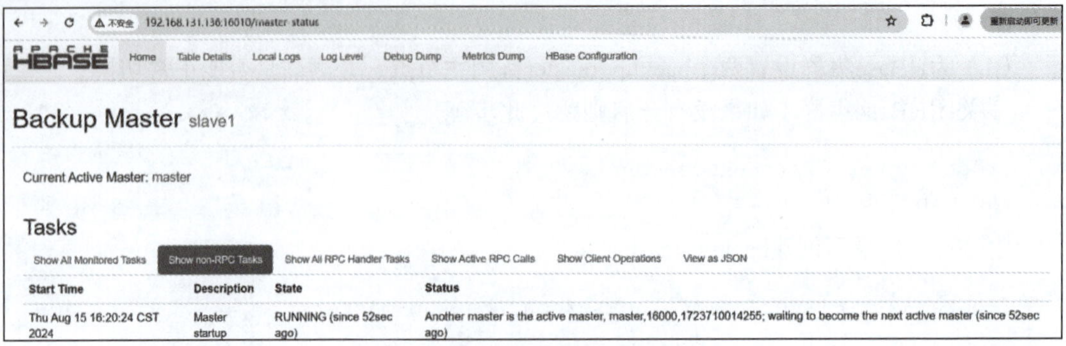

图 7-6　备用节点 HBase Web 页面

（2）将RPC监听数量提高到100，以有效提高RegionServer的性能。打开HBase安装目录下的conf/hbase-site.xml，添加以下配置内容：

```
[root@master~]#vim /opt/hbase/conf/hbase-site.xml
<property>
    <name>hbase.regionserver.handler.count</name>
    <value>100</value>
</property>
```

重新启动HBase进程，配置即可生效。

项目八

安装与配置 Sqoop 和 Flume 组件

Sqoop是Apache旗下一款“Hadoop和关系数据库服务器之间传送数据”的工具，主要用于在Hadoop（Hive）与传统的数据库（MySQL、Oracl、Postgres等）之间进行数据的传递，可以将一个关系型数据库中的数据导进Hadoop的HDFS中，也可以将HDFS的数据导进关系型数据库中。Flume是开源日志系统，是一个分布式高可用的海量日志聚合系统，支持在系统中定制各类数据发送方和接收方，用于收集和聚合数据。本项目将介绍Sqoop和Flume组件相关知识。

任务一　了解 Sqoop

视频

Sqoop连接Hadoop与关系数据库的架构及原理

多数使用Hadoop技术处理大数据业务的企业，有大量的数据存储在关系型数据中。由于没有工具支持，Hadoop和关系型数据库之间的数据传输是很困难的事情。传统的应用程序管理系统，即应用程序与使用RDBMS的关系数据库的交互，是产生大数据的来源之一。由RDBMS生成的这种大数据存储在关系数据库结构的关系数据库服务器中。

当大数据存储和Hadoop生态系统的MapReduce、Hive、HBase等分析器出现时，它们需要一种工具来与关系数据库服务器进行交互，以导入和导出驻留在其中的大数据。Sqoop在Hadoop生态系统中占据一席之地，为关系数据库服务器和Hadoop的HDFS之间提供了可行的交互。

Sqoop用于从关系数据库（如MySQL、Oracle）导入数据到Hadoop HDFS，并从Hadoop文件系统导出到关系数据库。Sqoop由Apache软件基金会提供。

任务二　学习 Sqoop 的功能应用

8.2.1　Sqoop架构

Sqoop是连接关系型数据库和Hadoop的桥梁，主要包括两个方面的导入和导出：

（1）将关系型数据库的数据导入Hadoop及其相关的系统中，如Hive和HBase。

（2）将数据从Hadoop系统里抽取并导出到关系型数据库。

Sqoop架构如图8-1所示。

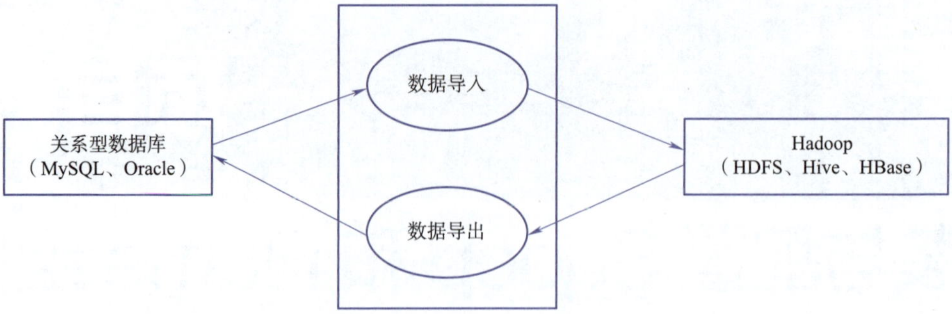

图 8-1 Sqoop 架构

Sqoop高效、可控地利用资源，可以通过调整任务数来控制任务的并发度，自动地完成数据映射和转换。由于导入数据库是有类型的，Sqoop可以自动根据数据库中的类型转换到Hadoop中，当然用户也可以自定义它们之间的映射关系。Sqoop支持多种数据库，如MySQL、Orcale等数据库。

Sqoop将导入或导出命令翻译成MapReduce程序来实现。翻译出的MapReduce主要是对InputFormat和OutputFormat进行定制。Sqoop命令使用Sqoop客户端直接提交代码，使用CLI命令行控制台方式访问，在命令或者脚本中指定用户数据库名和密码。

Sqoop工具接收到客户端的shell命令或JavaAPI命令后，通过Sqoop中的任务翻译器（TaskTranslator）将命令转换为对应的MapReduce任务，再将关系型数据库和Hadoop中的数据进行相互转移，进而完成数据的复制。

Sqoop架构部署简单、使用方便，但也存在一些缺点，如命令行方式容易出错、格式紧耦合、无法支持所有数据类型、安全机制不够完善（如密码暴露）、安装需要root权限、connector必须符合JDBC模型。

8.2.2 Sqoop导入原理

Sqoop导入原理如图8-2所示。

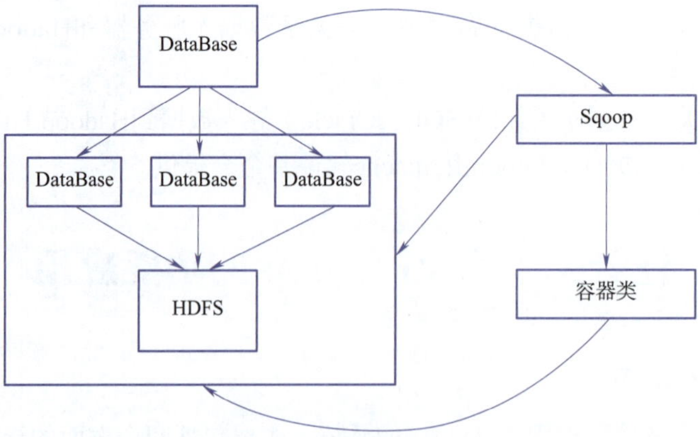

图 8-2 Sqoop 导入原理

在导入开始之前，Sqoop使用JDBC检查将要导入的表，检索出表中所有的列及列的SQL数据类型。这些SQL数据类型（VARCHAR、INTEGER）被映射到Java数据类型

（String、Integer等），在MapReduce应用中将使用这些对应的Java类型来保存字段的值。Sqoop的代码生成器使用这些信息来创建对应表的类，用于保存从表中抽取的记录。对于导入来说，更关键的是DBWritable接口的序列化方法，这些方法能使Widget类和JDBC进行交互：

```
Public void readFields(resultSet_dbResults)throws SQLException; Public
void write(Prepared statement_dbstmt)throws SQLException;
```

JDBC的ResultSet接口提供了一个用户从检查结果中检索记录的游标；这里的ReadFields()方法将用ResultSet中一行数据的列来填充Example对象的字段。Sqoop启动的MapReduce作业用到一个InputFormat，可以通过JDBC从一个数据库表中读取部分内容。Hadoop提供的DataDriverDBInputFormat能够为几个Map任务对查询结果进行划分。为了获取更好的导入性能，查询会根据一个“划分列”来进行划分。Sqoop会选择一个合适的列作为划分列（通常是表的主键）。在生成反序列化代码和配置InputFormat之后，Sqoop将作业发送到MapReduce集群。Map任务将执行查询并将ResultSet中的数据反序列化到生成类的实例，这些数据或直接保存在SequenceFile文件中，或在写到HDFS之前被转换成分割的文本。Sqoop不需要每次都导入整张表，用户也可以在查询中加入where子句，以此来限定需要导入的记录：Sqoop-query <SQL>。在向HDFS导入数据时，重要的是要确保访问的是数据源的一致性快照。从一个数据库中并行读取数据的Map任务分别运行在不同的进程中。因此，它们不能共享一个数据库任务。保证一致性的最好方法是在导入时不允许对表中现有数据进行更新。

8.2.3 Sqoop导出原理

Sqoop导出原理如图8-3所示。

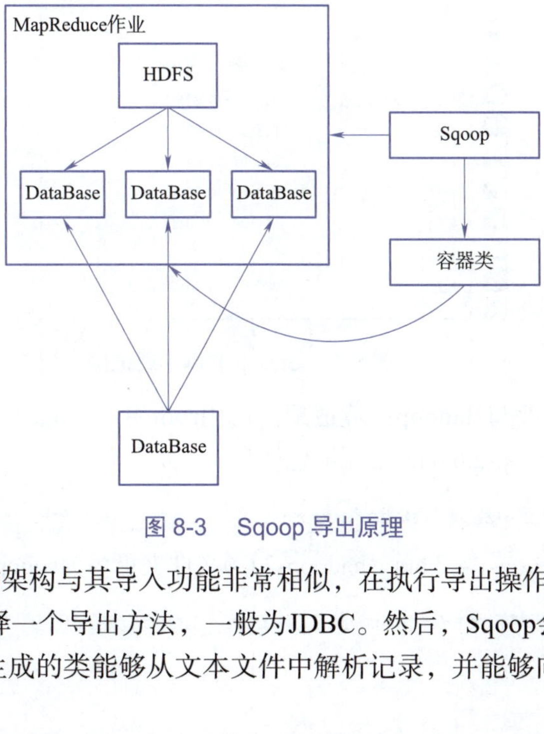

图 8-3 Sqoop 导出原理

Sqoop导出功能的架构与其导入功能非常相似，在执行导出操作之前，Sqoop会根据数据库连接字符串来选择一个导出方法，一般为JDBC。然后，Sqoop会根据目标表的定义生成一个Java类。这个生成的类能够从文本文件中解析记录，并能够向表中插入类型合适的值。接着会启动一个MapReduce作业，从HDFS中读取源数据文件，使用生成的类解析记录，并且执行选定的导出方法。

基于JDBC的导出方法会产生一批insert语句，每条语句都会向目标表中插入多条记录。多个单独的线程被用于从HDFS读取数据并与数据库进行通信，以确保涉及不同系统的I/O操作能够尽可能重叠执行。虽然HDFS读取数据的MapReduce作业大多根据所处理文件的数量和大小来选择并行度（Map任务的数量），但Sqoop的导出工具允许用户明确设定任务的数量。由于导出性能会受并行的数据库写入线程数量的影响，所以Sqoop使用combinefileinput类将输入文件分组分配给少数几个Map任务去执行。进程的并行特性导致导出操作往往不是原子操作。Sqoop会采用多个并行的任务导出，并且数据库系统使用固定大小的缓冲区来存储事务数据，这时一个任务中的所有操作不可能在一个事务中完成。因此，在导出操作进行过程中，提交过的中间结果都是可见的。在导出过程完成前，不要启动那些使用导出结果的应用程序，否则这些应用会看到不完整的导出结果。更有问题的是，如果任务失败，该任务将从头开始重新导入自己负责的那部分数据，因此可能会插入重复的记录。当前Sqoop还不能避免这种可能性。在启动导出作业前，应当在数据库中设置表的约束（如定义一个主键列），以保证数据行的唯一性。

任务三　下载和解压 Sqoop

Sqoop相关发行版本可以通过官网获取，如图8-4所示。

视频

Sqoop连接Hadoop与关系型数据库的安装、配置及模板命令

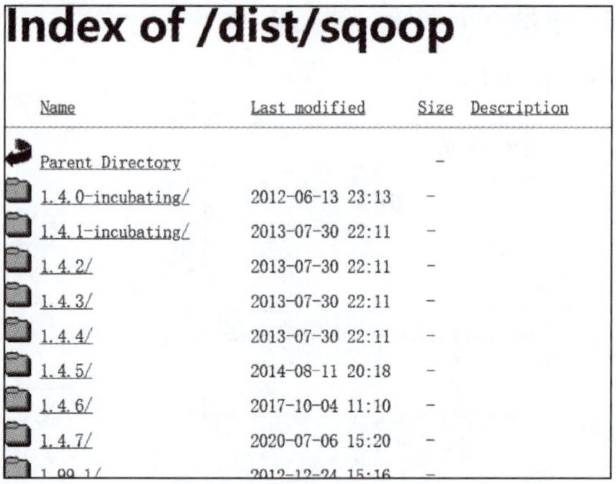

图 8-4　Sqoop 官网下载链接

安装Sqoop组件需要与Hadoop环境适配。使用root用户在master节点上进行部署，将/data/sqoop-1.4.7.bin hadoop-2.6.0.tar.gz压缩包解压到/opt目录下。

```
[root@master~]#tar -zxvf /data/sqoop-1.4.7.bin__hadoop-2.6.0.tar.gz -C /opt
```

将解压后生成的sqoop-1.4.7.bin__hadoop-2.6.0文件夹更名为sqoop。

```
[root@master~]#mv /opt/sqoop-1.4.7.bin__hadoop-2.6.0 /opt/sqoop
```

任务四　配置 Sqoop 环境

（1）创建Sqoop的配置文件sqoop-env.sh。

复制sqoop-env-template.sh模板，并将模板重命名为sqoop-env.sh。

```
[root@master~]#cp /opt/sqoop/conf/sqoop-env-template.sh /opt/sqoop/conf/sqoop-env.sh
```

（2）修改sqoop-env.sh文件，添加Hadoop、HBase、Hive等组件的安装路径。

注意：下面各组件的安装路径需与实际环境中的安装路径保持一致。

```
[root@master~]#vim /opt/sqoop/conf/sqoop-env.sh
# 在文件末尾添加
export HADOOP_COMMON_HOME=/opt/hadoop
export HADOOP_MAPRED_HOME=/opt/hadoop
export HBASE_HOME=/opt/hbase
export HIVE_HOME=/opt/hive
```

（3）配置Linux操作系统环境变量，添加Sqoop组件的路径。

```
[root@master~]#vim /etc/profile
# 在文件末尾添加
#sqoop
export SQOOP_HOME=/opt/sqoop
export PATH=$PATH:$SQOOP_HOME/bin
export CLASSPATH=$CLASSPATH:$SQOOP_HOME/lib
# 使系统环境变量生效
[root@master~]#source /etc/profile
```

（4）为了使Sqoop能够连接MySQL数据库，需要将/data/mysql-5.7.18/mysql-connector-java-5.1.46.jar文件放入Sqoop的lib目录中。该jar文件的版本需要与MySQL数据库的版本相对应，否则Sqoop导入数据时会报错（mysql-connector-java-5.1.46.jar对应的是MySQL 5.7版本）。

```
[root@master~]#cp /data/mysql-5.7.18/mysql-connector-java-5.1.46.jar /opt/sqoop/lib/
```

任务五　启动 Sqoop

（1）执行Sqoop前需要先启动Hadoop集群。

在master节点中切换到hadoop用户，执行start-all.sh命令，启动Hadoop集群。

```
[root@master~]#start-all.sh
```

（2）检查Hadoop集群的运行状态。

```
[root@master~]#jps
2419 ResourceManager
2102 DataNode
```

```
1977 NameNode
2267 SecondaryNameNode
2827 Jps
2541 NodeManager
```

（3）测试Sqoop是否能够正常连接MySQL数据库。

```
[root@master~]#sqoop list-databases --connect jdbc:mysql://master:3306/ -username root-P  #Sqoop连接MySQL数据库
Warning:/opt/sqoop/../zookeeper does not exist! Accumulo imports will fail.
24/08/18 13:14:06 INFO sqoop.Sqoop:Running Sqoop version:1.4.7
Enter password:
24/08/18 13:14:54 INFO manager.MySQLManager:Preparing to use a MySQL streaming resultset.
Sun Aug 18 13:14:54 CST 2024 WARN:Establishing SSL connection without server's identity verification is not recommended. According to MySQL 5.5.45+,5.6.26+ and 5.7.6+ requirements SSL connection must be established by default if explicit option isn't set. For compliance with existing applications not using SSL the verifyServerCertificate property is set to 'false'. You need either to explicitly disable SSL by setting useSSL=false,
or set useSSL=true and provide truststore for server certificate verification.
information_schema
hive_db
mysql
performance_schema
sys
```

能够查看到MySQL数据库中的information_schema、hive、mysql、performance_schema、sys等数据库，说明Sqoop可以正常连接MySQL。

（4）为了使Sqoop能够连接Hive，需要将Hive组件/opt/hive/lib目录下的hive-common-2.0.0.jar也放入Sqoop安装路径的lib目录中。

```
[root@master~]#cp /opt/hive/lib/hive-common-2.0.0.jar /opt/sqoop/lib/
```

任务六　掌握 Sqoop 模板命令

（1）创建MySQL数据库和数据表。

创建sample数据库，在sample中创建student表，在student表中插入三条数据。

```
[root@master~]#mysql -uroot -p                 #登录MySQL数据库
Enter password:
Welcome to the MySQL monitor. Commands end with ; or \g.
Your MySQL connection id is 3
Server version:5.7.18 MySQL Community Server (GPL)
Copyright (c) 2000,2017,Oracle and/or its affiliates. All rights reserved.
Oracle is a registered trademark of Oracle Corporation and/or its
affiliates. Other names may be trademarks of their respective
owners.
Type 'help;' or '\h' for help. Type '\c' to clear the current input statement.
```

```
mysql> create database sample;               #创建sample
Query OK,1 row affected (0.00 sec)
mysql> use sample;                           #并使用sample库
Database changed
mysql> create table student(number char(9) primary key,name
varchar(10));                                #创建student表,该数据表有number学号和
                                              name姓名两个字段
Query OK,0 rows affected (0.02 sec)
mysql> insert into student values('01','zhangsan');
                                             #向student表插入几条数据
Query OK,1 row affected (0.12 sec)
mysql> insert into student values('02','lisi');
Query OK,1 row affected (0.00 sec)
mysql> insert into student values('03','wangwu');
Query OK,1 row affected (0.00 sec)
mysql> select *from student;                 #查询student表的数据
+--------+----------+
| number | name     |
+--------+----------+
| 01  | zhangsan    |
| 02  | lisi        |
| 03  | wangwu      |
+--------+----------+
3 rows in set (0.00 sec)
```

（2）在Hive中创建sample数据库和student数据表。

```
[root@master~]#hive                          #启动Hive命令行
hive> create database sample;
OK
Time taken:0.42 seconds
hive> show databases;
OK
default
sample
Time taken:0.02 seconds,Fetched:2 row(s)
hive> use sample;
OK
Time taken:0.029 seconds
hive> create table student(number STRING,name STRING) row format
delimited fields terminated by "|" stored as textfile;
OK
Time taken:0.324 seconds
hive>exit;                                   #退出Hive命令行
```

（3）从MySQL中导出数据，并导入Hive。

需要说明该命令的以下几个参数：

--connect：MySQL数据库连接URL。

--username和--password：MySQL数据库的用户名和密码。

--table：导出的数据表名。

--fields-terminated-by：Hive中的字段分隔符。

--delete-target-dir：删除导出的目的目录。

--num-mappers：Hadoop执行Sqoop导入、导出启动的map任务数。

--hive-import--hive-database：导出到Hive的数据库名。

--hive-table：导出到Hive的表名。

```
    [root@master~]#sqoop import --connect jdbc:mysql://master:3306/sample --
username root --password 111111 --table student --fields-terminated-by',' --
delete-target-dir --num-mappers 1 --hive-import --hive-database sample --
hive-table student
```

（4）从Hive中导出数据，并导入MySQL。

需要说明该命令的以下几个参数：

--connect：MySQL数据库连接URL。

--username和--password：MySQL数据库的用户名和密码。

--table：导出的数据表名。

--fields-terminated-by：Hive中的字段分隔符。

--export-dir：Hive数据表在HDFS中的存储路径。

```
    [root@master~]#sqoop export --connect "jdbc:mysql://master:3306/sample?u
seUnicode=true&characterEncoding=utf-8" --username root --password '111111'
 --table student1 --input-fields-terminated-by ',' --export-dir/user/hive/
warehouse/sample.db/student/
```

任务七　应用 Sqoop 组件

Sqoop常用设置命令如下。

（1）列出MySQL数据库中的所有数据库。

```
    sqoop list-databases --connect jdbc:mysql://master:3306/ -username root -password
    Password123$
```

（2）连接MySQL并列出test数据库中的表。

```
    sqoop list-databases --connect jdbc:mysql://master:3306/test -username root -
password
    Password123$
```

命令中的test为MySQL数据库中的test数据库名称，username与password分别为MySQL数据库的用户名称和密码。

视频

Sqoop与Flume的使用与配置详解

任务八　学习 Flume 相关知识

Flume是Cloudera提供的一个高可用的、高可靠的、分布式的海量日志采集、聚合和传输的系统，Flume支持在日志系统中定制各类数据发送方用于收集数据。同时，

Flume提供对数据简单处理的能力，并将数据写入各种数据接收方（如文本文件、HDFS、HBase等）。

Flume最早是Cloudera提供的日志收集系统，支持在日志系统中定制各类数据发送方，用于收集数据。Flume可以采集文件、Socket数据包等各种形式源数据，又可以将采集到的数据输出到HDFS、HBase、Hive、Kafka等众多外部存储系统中，在传输过程中可以对数据做简单处理。一般的采集需求，通过对Flume的简单配置即可实现。Flume针对特殊场景也具备良好的自定义扩展能力，因此，Flume可以适用于大部分的日常数据采集场景。

任务九　应用 Flume 功能

8.9.1 Flume功能

Flume支持在日志系统中定制各类数据发送方，用于收集数据。同时可提供对数据进行简单处理，并具有将数据写入各种数据接收组件（如HDFS、HBase等）的能力。

1. 日志收集

任何一个生产系统在运行过程中都会产生大量的日志，日志往往隐藏着很多有价值的信息。在没有分析方法之前，这些日志存储一段时间后就会被清理。随着技术的发展和分析能力的提高，日志的价值被重新重视起来。在分析这些日志之前，需要将分散在各个生产系统中的日志收集起来。

2. 数据处理

Flume提供对数据进行简单处理并写入各种数据接收方的能力。Flume提供了从Console（控制台）、RPC（Thrift-RPC）、text（文件）、tail（UNIXtail）、syslog（syslog日志系统，支持TCP和UDP两种模式）、exec（命令执行）等数据源上收集数据的能力。

8.9.2 Flume结构

Flume以agent为最小的独立运行单位。agent由source、channel、sink三大组件构成，如图8-5所示。

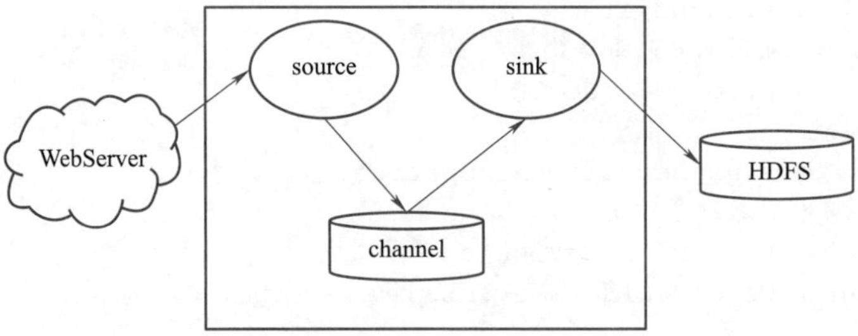

图 8-5　Flume 组件结构

（1）source：从数据发生器接收数据，并将接收的数据以Flume的event格式传递给一个或多个通道channel。Flume提供多种数据接收方式，如Avro、Thrift等。

（2）channel：一种短暂的存储容器，它将从source处接收到的event格式的数据缓存起来，直到它们被sink消费掉，它在source和sink间起着桥梁的作用，channel是一个完整的事物，这一点可以保证数据在收发时的一致性。channel可以和任意数量的source和sink连接，支持类型有JDBC channel、FileSystem channel、Memort channel等。

（3）sink：将数据存储到集中存储器，如HBase和HDFS，它从channel消费数据（event）并将其传递给目的地。目的地可能是另一个sink，也可能是HDFS、HBase。

任务十　设置 Flume 组件

Flume的配置文件在安装目录下conf/flume.conf。新安装完成Flume，配置文件包含.template扩展名，需要将其复制一份并去掉.template扩展名再修改。

下面通过一个案例介绍Flume的配置。

```
# 指定 sources 的别名
a1.sources=r1
# 指定 sinks 的别名
a1.sinks=k1
# 指定 channels 的别名
a1.channels=c1
#Describe/configure the source
# 指定 sources 的类型
a1.sources.r1.type=syslogtcp
# 指定 sources 的端口
a1.sources.r1.port=5140
# 指定 sources 的主机名
a1.sources.r1.host=localhost
#Describe the sink
# 指定 sinks 的类型
a1.sinks.k1.type=hdfs
# 指定 sinks 的 hdfs 的路径
a1.sinks.k1.hdfs.path=hdfs://master:8020/user/flume/syslogtcp
# 指定 sinks 的 hdfs 的文件名前缀
a1.sinks.k1.hdfs.filePrefix=Syslog
# 指定时间戳需要四舍五入
a1.sinks.k1.hdfs.round=true
# 四舍五入到小于当前时间的最高倍数
a1.sinks.k1.hdfs.roundValue=10
# 使用本地时间戳
a1.sinks.k1.hdfs.useLocalTimeStamp=true
# 四舍五入值的单位，秒、分钟或小时
a1.sinks.k1.hdfs.roundUnit=minute
#Use a channel which buffers events in memory
# 指定 channels 的类型
a1.channels.c1.type=memory
#Bind the source and sink to the channel
# 将 sources 和 channels 连接
a1.sources.r1.channels=c1
# 将 sinks 和 channels 连接
a1.sinks.k1.channel=c1
```

任务十一　下载和解压 Flume

可以从官网下载Flume组件安装包，如图8-6所示。

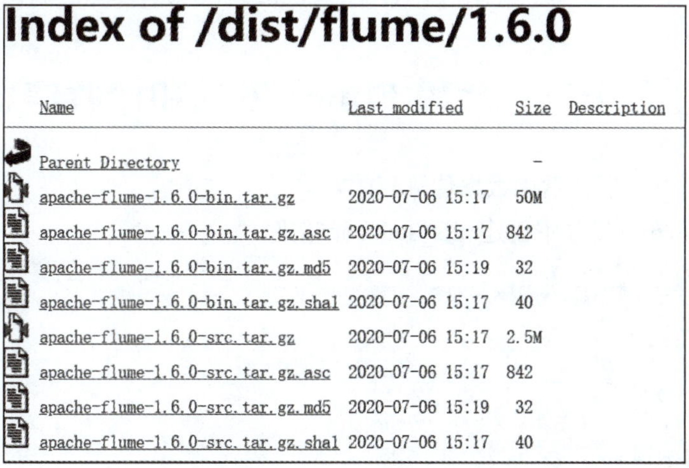

Index of /dist/flume/1.6.0

Name	Last modified	Size	Description
Parent Directory		-	
apache-flume-1.6.0-bin.tar.gz	2020-07-06 15:17	50M	
apache-flume-1.6.0-bin.tar.gz.asc	2020-07-06 15:17	842	
apache-flume-1.6.0-bin.tar.gz.md5	2020-07-06 15:19	32	
apache-flume-1.6.0-bin.tar.gz.sha1	2020-07-06 15:17	40	
apache-flume-1.6.0-src.tar.gz	2020-07-06 15:17	2.5M	
apache-flume-1.6.0-src.tar.gz.asc	2020-07-06 15:17	842	
apache-flume-1.6.0-src.tar.gz.md5	2020-07-06 15:19	32	
apache-flume-1.6.0-src.tar.gz.sha1	2020-07-06 15:17	40	

图 8-6　Flume 组件下载

使用root用户解压Flume安装包到“/opt”路径下，并修改解压后的文件夹名为flume。

```
[root@master~]#tar zxvf/data/apache-flume-1.6.0-bin.tar.gz -C /opt
[root@master~]#mv /opt/apache-flume-1.6.0-bin/ /opt/flume
```

任务十二　部署 Flume 组件

（1）使用root用户设置Flume环境变量，并使环境变量对所有用户生效。

```
[root@master~]#vim /etc/profile          # 编辑系统环境变量配置文件
#flume
export FLUME_HOME=/opt/flume             # Flume 安装路径
export PATH=$PATH:$FLUME_HOME/bin        # 添加系统 PATH 环境变量
[root@master~]#source /etc/profile       # 刷新环境变量
```

（2）修改flume相应配置文件。

```
[root@master~]#cp /opt/flume/conf/flume-env.sh.template /opt/flume/conf/
flume-env.sh                             # 复制配置文件模板
```

（3）修改并配置flume-env.sh文件。

```
[root@master~]#vim /opt/flume/conf/flume-env.sh
```

添加如下内容：

```
export JAVA_HOME=/opt/java
```

（4）查看版本。

```
[root@master~]#flume-ng version
```

```
Flume 1.6.0
Source code repository:https://git-wip-us.apache.org/repos/asf/flume.git
Revision:2561a23240a71ba20bf288c7c2cda88f443c2080
Compiled by hshreedharan on Mon May 11 11:15:44 PDT 2015
From source with checksum b29e416802ce9ece3269d34233baf43f
```

任务十三　使用 Flume 发送和接收信息

通过Flume将Web服务器中数据传输到HDFS中。

（1）在Flume安装目录中创建hdfs_sink.conf文件。

```
[root@master~]#vim /opt/flume/conf/hdfs_sink.conf
```

添加如下内容：

```
#指定 sources 的别名
a1.sources=r1
#指定 sinks 的别名
a1.sinks=k1
#指定 channels 的别名
a1.channels=c1
#Describe/configure the source
#指定 sources 的类型
a1.sources.r1.type=syslogtcp
#指定 sources 的端口
a1.sources.r1.port=5140
#指定 sources 的主机名
a1.sources.r1.host=localhost
#Describe the sink
#指定 sinks 的类型
a1.sinks.k1.type=hdfs
#指定 sinks 的 hdfs 的路径
a1.sinks.k1.hdfs.path=hdfs://master:9000/user/flume/syslogtcp
#指定 sinks 的 hdfs 的文件名前缀
a1.sinks.k1.hdfs.filePrefix=Syslog
#指定时间戳需要四舍五入
a1.sinks.k1.hdfs.round=true
#四舍五入到小于当前时间的最高倍数
a1.sinks.k1.hdfs.roundValue=10
#使用本地时间戳
a1.sinks.k1.hdfs.useLocalTimeStamp=true
#四舍五入值的单位，秒、分钟或小时
a1.sinks.k1.hdfs.roundUnit=minute
#Use a channel which buffers events in memory
#指定 channels 的类型
a1.channels.c1.type=memory
#Bind the source and sink to the channel
#将 sources 和 channels 连接
a1.sources.r1.channels=c1
#将 sinks 和 channels 连接
a1.sinks.k1.channel=c1
```

（2）使用flume-ng agent命令加载hdfs_sink.conf配置信息，启动Flume传输数据。

```
[root@master~] #/opt/flume/bin/flume-ng agent -c/ opt/flume/conf/ -f /opt/
flume/conf/hdfs_sink.conf-n a1-Dflume.root.logger=DEBUG,console
```

（3）向监听端口发送消息。

```
[root@master~]#telnet localhost 5140
Trying ::1...
telnet:connect to address ::1:Connection refused
Trying 127.0.0.1...
Connected to localhost.
Escape character is '^]'.
```

（4）查看Flume生成到HDFS中的日志文件，若能查看到HDFS上/user/flume/syslogtcp目录下有日志文件，则表示数据传输成功。

```
[root@master~]#hdfs dfs-ls /user/flume/syslogtcp
# 查看 HDFS 文件系统 /user/flume/syslogtcp 目录下文件
Found 1 items
-rw-r--r-- 1 root supergroup  122 2024-08-18 16:20/user/flume/syslogtcp/
Syslog.1723969251287.tmp
```

项目九

安装与配置 Flink 组件

任务一　部署本地模式 Filnk

视 频

Flink本地模式部署及操作指南

9.1.1　Flink介绍

ApacheFlink是由Apache软件基金会开发的开源流处理框架，其核心是使用Java和Scala编写的分布式流数据流引擎。Flink以数据并行和流水线方式执行任意流数据程序，在Flink的流水线运行时系统可以执行批处理和流处理程序。此外，Flink在运行时本身也支持迭代算法的执行。

Flink起源于Stratosphere项目，Stratosphere是在2010～2014年由3所地处柏林的大学和欧洲的一些其他的大学共同进行的研究项目。2014年4月，Stratosphere的代码被复制并捐赠给了Apache软件基金会，参加这个孵化项目的初始成员是Stratosphere系统的核心开发人员；2014年12月，Flink一跃成为Apache软件基金会的顶级项目。在德语中，Flink一词表示快速和灵巧，项目采用一只松鼠的彩色图案作为logo，如图9-1所示。

图 9-1　Flink 的 logo

Flink项目的理念：Apache Flink是为分布式、高性能、随时可用，以及准确的流处理应用程序打造的开源流处理框架。

Apache Flink是一个框架和分布式处理引擎，用于对无界和有界数据流进行有状态计算。Flink被设计在所有常见的集群环境中运行，以内存执行速度和任意规模来执行计算。

Flink的主要特点如下。

1. 事件驱动型

事件驱动型应用是一类具有状态的应用，它从一个或多个事件流提取数据，并根据到来的事件进行触发计算、状态更新或其他外部动作。比较典型的就是以kafka为代表的消息队列，它们大都是事件驱动型应用。与之不同的就是SparkStreaming微批次，Spark的数据批处理流程如图9-2所示。

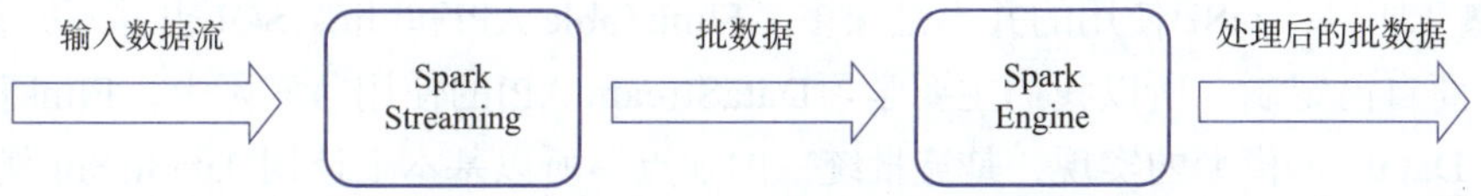

图 9-2　Spark 的数据批处理流程

批处理的特点是有界、持久、大量，非常适合需要访问全套记录才能完成的计算工作，一般用于离线统计。流处理的特点是无界、实时，无须针对整个数据集执行操作，而是对通过系统传输的每个数据项执行操作，一般用于实时统计。在Spark的世界观中，一切都是由批次组成的，离线数据是一个大批次，而实时数据是由一个一个无限的小批次组成的。而在Flink的世界观中，一切都是由流组成的，离线数据是有界限的流，实时数据是一个没有界限的流，这就是所谓的有界流和无界流。

无界数据流：无界数据流有一个开始但是没有结束，它们不会在生成时终止并提供数据，必须连续处理无界流，也就是说必须在获取后立即处理事件。对于无界数据流，我们无法等待所有数据都到达，因为输入是无界的，并且在任何时间点都不会完成。处理无界数据时，通常要求以特定顺序（事件发生的顺序）取事件，以便能够推断完整的结果。

有界数据流：有界数据流有明确定义的开始和结束，可以在执行任何计算之前通过获取所有数据来处理有界流，处理有界流时不需要有序获取，因为可以始终对有界数据集进行排序，有界流的处理也称批处理。

这种以流为世界观的架构，获得的最大好处就是具有极低的延迟。

2. 分层API

最底层级的抽象仅仅提供了有状态流，它将通过过程函数被嵌入DataStream API中。底层过程函数与DataStream API相集成，使其可以对某些特定的操作进行底层的抽象，它允许用户自由地处理来自一个或多个数据流的事件，并使用一致的容错状态。除此之外，用户可以注册事件时间并处理时间回调，从而使程序可以处理复杂的计算。实际上，大多数应用并不需要上述的底层抽象，而是针对核心API进行编程，如DataStream API（有界或无界流数据）及DataSet API（有界数据集）。这些API为数据处理提供了通用的构建模块，如由用户定义的多种形式的转换、连接、聚合、窗口操作等。DataSetAPI为有界数据集提供了额外的支持，如循环与迭代。这些API处理的数据类型以类的形式由各自的编程语言所表示。Table API是以表为中心的声明式编程，其中表可能会动态变化（在表达流数据时）。Table API遵循（扩展的）关系模型：表有二维数据结构（类似于关系数据库中的表），同时API提供可比较的操作，如select、project、join、group-by、aggregate等。Table API程序声明式地定义了什么逻辑操作应该执行。尽管Table API可以通过多种类型的用户自定义函数进行扩展，其仍不如核心API更具表达能力，但是使用起来却更加简洁（码量更少）。除此之外，Table API程序在执行之前会经过内置优化器进行优化。可以在表与DataStream/DataSet之间无缝切换，以允许程序将Table API与DataStream及DataSet混合使用。

Flink提供的最高层级的抽象是SQL。这一层抽象在语法与表达能力上与Table API类似，但是是以SQL查询表达式的形式表现程序的。SQL抽象与Table API交互密切，同时

SQL查询可以直接在Table API定义的表上执行。目前Flink作为批处理还不是主流，不如Spark成熟，所以DataSet使用的并不是很多。FlinkTable API和Flink SQL也并不完善，大多由各大厂商自己定制。所以我们主要学习DataStream API的使用。实际上，Flink作为最接近Google DataFlow模型的实现，是流批统一的观点，所以基本上使用DataStream就可以了。

Flink的主要模块包括：Flink Table &SQL、Flink Gelly（图计算）、Flink CEP（复杂事件处理）。

9.1.2 Flink的部署模式

Flink一般有三种部署模式，分别是本地模式（Local）、独立集群模式（Standalone）和YARN模式。在这三种模式中，本地模式是指在单节点上部署Flink，通常不需要修改任何配置文件，直接运行即可。

Flink进程的启动、关闭等相关命令都存放在Flink的bin目录下，配置环境变量后即可在任意目录下使用。常用的Flink相关命令见表9-1。

表 9-1 常用的 Flink 相关命令

编 号	命 令	作 用
1	start-cluster.sh	启动 Flink 的所有进程
2	stop-cluster.sh	关闭 Flink 的所有进程
3	taskmanager.sh start|stop	启动 / 关闭从节点的 taskmanager 进程
4	jobmanager.sh start|stop	启动 / 关闭从节点的 jobmanager 进程

启动Flink客户端的命令是start-scala-shell.sh，对三种不同的部署方法其有三种用法，见表9-2。

表 9-2 Flink 启动客户端的命令用法

编 号	模 式	命令用法
1	Local 模式	start-scala-shell.sh local
2	Standalone 模式	start-scala-shell.sh 主节点端口号
3	YARN 模式	start-scala-shell.sh yarn

1. 搭建本地模式的Flink

1）搭建本地模式的Flink的基本工作流程

（1）解压Flink安装包。

（2）配置Flink环境变量。

（3）启动Flink。

（4）采用本地模式启动Flink的scala shell。

2）操作步骤

（1）解压Flink安装包。在Flink的官方网站上下载安装包并解压，本项目选择的是和Hadoop 2.×版本兼容的版本——flink-1.12.5-bin-scala_2.11.tgz。

将安装包复制到Linux操作系统下，解压安装包到/opt目录并修改为短名，命令如下：

```
[root@master~]#tar -zxvf /data/flink-1.7.1-bin-hadoop27-scala_2.11.tgz -C /opt
[root@master~]#mv /opt/flink-1.7.1/ /opt/flink
```

（2）配置Flink环境变量。在终端运行命令打开文件/etc/profile，添加以下配置信息：

```
[root@master~]#vim /etc/profile
#添加如下配置
export FLINK_HOME=/opt/flink
export PATH=$FLINK_HOME/bin:$PATH
```

运行命令，使设置生效，命令如下：

```
[root@master~]#source /etc/profile
```

（3）启动Flink。在终端执行命令，启动Flink进程，命令如下：

```
[root@master~]#jps
2358 Jps
1899 StandaloneSessionClusterEntrypoint
2333 TaskManagerRunner
```

（4）采用本地模式启动Flink的scala shell。启动Flink的进程之后，在终端执行命令，即可使用本地模式启动Flink的scala shell命令行，命令如下：

```
[root@master~]#start-scala-shell.sh local
Starting Flink Shell:
log4j:WARN No appenders could be found for logger (org.apache.flink.configuration.GlobalConfiguration).
log4j:WARN Please initialize the log4j system properly.
log4j:WARN See http://logging.apache.org/log4j/1.2/faq.html#noconfig for more info.
Starting local Flink cluster (host:localhost,port:8081).
Connecting to Flink cluster (host:localhost,port:8081).
......
NOTE:Use the prebound Execution Environments to implement batch or streaming programs.
Batch-Use the 'benv' variable
*val dataSet=benv.readTextFile("/path/to/data")
*dataSet.writeAsText("/path/to/output")
*benv.execute("My batch program")
HINT:You can use print() on a DataSet to print the contents to the shell.
Streaming-Use the 'senv' variable
*val dataStream=senv.fromElements(1,2,3,4)
*dataStream.countWindowAll(2).sum(0).print()
*senv.execute("My streaming program")
HINT:You can only print a DataStream to the shell in local mode.
scala>
```

任务二　部署独立模式 Flink 集群

视频

Flink体系架构及独立模式安装部署详解

9.2.1 Flink的体系架构

Flink是可以运行在多种不同的环境中的，如它可以通过单进程或多线程的方式直接运行，从而提供调试的能力。它也可以运行在YARN或K8S资源管理系统上，也可以在各种云环境中运行。

Flink的整体架构如图9-3所示。

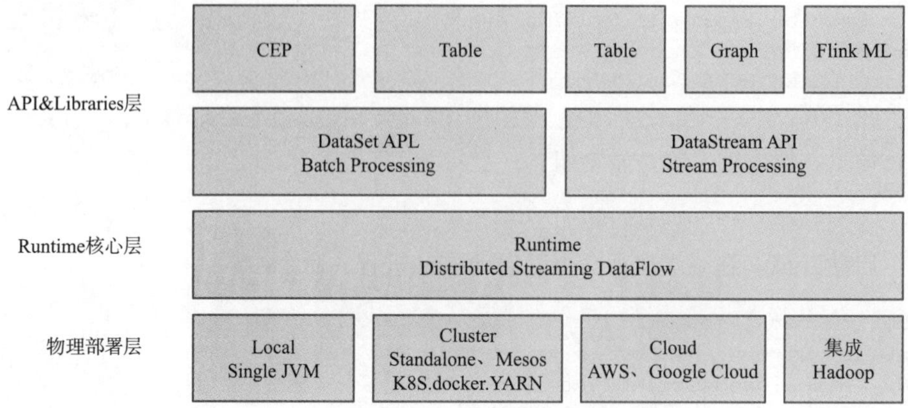

图 9-3　Flink 的整体架构

Flink是新的Stream计算引擎，使用Java语言实现。它既可以处理streamdata也可以处理batchdat，以同时兼顾Spark及SparkStreaming的功能，与Spark不同的是，Flink本质上只有stream的概念，batch被认为是specialstream。Flink在运行中主要由三个组件组成，即JobClient、JobManager和TaskManager。

针对不同的执行环境，Flink提供了一套统一的分布式作业执行引擎，也就是Flink Runtime（Flink运行时）这一层。Flink在Runtime层之上提供了DataStream和DataSet两套API，分别用来编写流作业与批作业，以及一组更高级的API来简化特定作业的编写。

Flink Runtime是Flink的核心计算结构，这是一个分布式系统，它接收数据流程序，并在一台或多台机器上以容错的方式执行这些数据流程序。这个运行时可以作为YARN的应用程序在集群中运行，也可以很快在Mesos集群中运行，或者在一台机器中运行（通常用于调试Flink应用程序）。

FlinkRuntime层的整个架构采用了标准主从的结构，即总是由一个FlinkMaster和一个或多个FlinkTaskManager组成。AM部分即是主节点Master，它负责管理整个集群中的资源并处理作业提交、作业监督；而TaskExecutor进程在工作节点中运行，这是工作进程，负责提供具体的资源并实际执行作业。

FlinkMaster是Flink集群的主进程。它包含三个不同的组件：ResourceManager、Dispatcher及每个运行时Flink作业的JobManager。这三个组件都包含在AppMaster进程中。Dispatcher负责接收用户提供的作业，并且负责为这个新提交的作业拉起一个新的JobManager组件。ResourceManager负责资源的管理，在整个Flink集群中只有一个ResourceManager。JobManager负责管理作业的执行，在一个Flink集群中可能有多个作业同时执行，每个作业都有自己的JobManager组件。TaskManager是一个Flink集群的工作进程。任务被调度给TaskManager执行。它们彼此通信以在后续任务之间交换数据。

Flink运行时由两种类型的进程组成，即JobManager和TaskManager。

（1）JobManager：是执行过程中的master进程，负责协调和管理程序的分布式执行，主要的内容包括调度任务，管理检查点和协调故障恢复等。至少要有一个JobManager。可以设置多个JobManager以配置高可用性，其中一个总是Leader，其他的都是Standby。

（2）TaskManager：作为Worker节点在JVM上运行，可以同时执行若干个线程以完成分配给它的数据流的task（子任务），并缓冲和交换数据流。必须始终至少有一个TaskManager。JobManager和TaskManager可以使用多种方法启动：直接在机器上作为独立集群启动，或者在容器中启动，或者由诸如YARN或Mesos之类的资源框架管理启动。客户端不是运行时和程序执行的一部分，而是用于准备和向JobManager发送数据流。之后，客户端可以断开连接，或保持连接以接收作业进度报告。客户端可以作为触发执行的Java/Scala程序的一部分运行，也可以在命令行进程（./bin/flink run）中运行。

9.2.2　Flink集群的运行模式

Flink常用的部署和运行方法主要包括两种，分别是独立模式和YARN模式。Flink的独立模式的运行原理如图9-4所示。

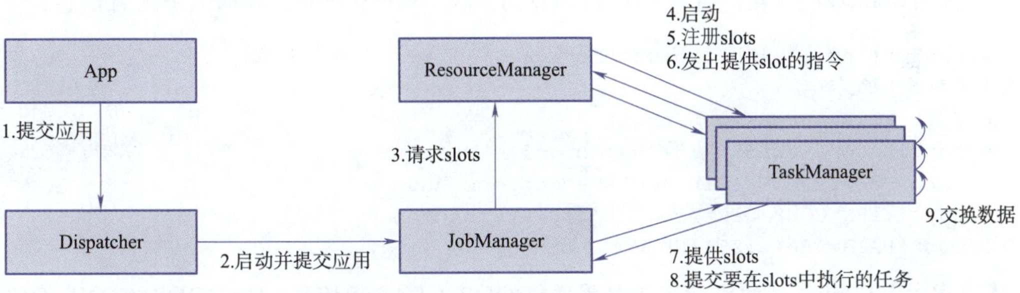

图 9-4　Flink 的独立模式的运行原理

1. Flink的独立模式的具体执行过程

（1）App程序通过rest接口提交给Dispatcher（rest接口是跨平台，并且可以直接穿过防火墙，不需要考虑拦截）。

（2）Dispatcher把JobManager进程启动，把应用交给JobManager。

（3）JobManager拿到应用后，向ResourceManager申请资源（slots），ResouceManager会启动对应的TaskManager进程，TaskManager空闲的slots会向ResourceManager注册。

（4）ResourceManager会根据JobManager申请的资源数量，向TaskManager发出提供slots的指令。TaskManager能够提供的slots数量和其他CPV核数成正比。

（5）TaskManager可以直接和JobManager通信了（它们之间会有心跳包的连接），TaskManager向JobManager提供slots，JobManager向TaskManager分配在slots中执行的任务。

（6）在执行任务的过程中，不同的TaskManager会有数据之间的交换。

2. Flink独立模式的安装部署步骤

（1）Flink部署规划与安装准备。部署三个节点的Flink独立模式集群，具体规划见表9-3。

表 9-3 Flink 集群规划表

主 机 名	节点环境	用 途
master	CentOS 7、JDK 1.8、JobManager	主节点
slave1	CentOS 7、JDK 1.8、TaskManager	从节点 1
slave2	CentOS 7、JDK 1.8、TaskManager	从节点 2

【小提示】运行Flink时，只需要提前安装好Java 8及以上版本即可。可以通过java version命令来检查JDK是否已经正确安装。

（2）解压安装包。在Flink的官方网站下载安装包并解压，本项目选择的是和Hadoop 2.×版本兼容的版本——flink-1.7.1-bin-hadoop27-scala_2.11.tgz。

将安装包复制到Linux操作系统下，解压安装包到/opt目录并修改为短名，命令如下：

```
[root@master~]#tar -zxvf /data/flink-1.7.1-bin-hadoop27-scala_2.11.tgz -C /opt
[root@master~]#mv /opt/flink-1.7.1//opt/flink
```

（3）修改配置文件。

①配置Flink环境变量。在终端运行命令打开文件/etc/profile，添加以下配置信息：

```
[root@master~]#vim /etc/profile
#添加如下配置
export FLINK_HOME=/opt/flink
export HADOOP_CLASSPATH='hadoop classpath'
export HADOOP_CONF_DIR=/opt/hadoop/etc/hadoop
export YARN_CONF_DIR=/opt/hadoop/etc/hadoop
export PATH=$PATH:$FLINK_HOME/bin
```

【小提示】Flink程序的运行需要配置HADOOP_CLASSPATH、HADOOP_CONF_DIR和YARN_CONF_DIR这三个环境变量。

运行命令，使设置生效，命令如下：

```
[root@master~]#source /etc/profile
```

②修改Flink配置文件flink-conf.yaml。Flink的配置文件在安装包的conf目录下，打开flink-conf.yaml文件，添加如下一行配置，将Flink集群的主节点配置为master01主机：

```
[root@master~]#vim /opt/flink/conf/flink-conf.yaml
#添加如下配置
jobmanager.rpc.address:master
```

③修改Flink配置文件workers。将从节点的主机名配置到配置文件workers中。打开conf目录下的workers文件，添加以下内容：

```
[root@master~]#vim /opt/flink/conf/slaves
#添加如下配置
slave1
slave2
```

④以上配置完成后，执行以下命令将配置好的Flink的安装包复制到两个从节点的/opt目录下，命令如下：

```
[root@master~]#scp -r /opt/flink root@slave1:/opt/flink
[root@master~]#scp -r /opt/flink root@slave2:/opt/flink
```

（4）分发环境变量配置文件，并且刷新环境变量。

```
[root@master~]#scp /etc/profile root@slave1:/etc/
profile                          100% 2175  30.3KB/s  00:00
[root@master~]#scp /etc/profile root@slave2:/etc/
profile                          100% 2175  142.1KB/s  00:00
[root@master~]#source /etc/profile
[root@slave1~]#source /etc/profile
[root@slave2~]#source /etc/profile
```

（5）启动Flink集群进程。Flink安装包的bin目录下提供了操作Flink的命令，可以用于启动或关闭本地集群。运行启动集群的命令及结果如下：

```
[root@master~]#start-cluster.sh
Starting cluster.
Starting standalonesession daemon on host master.
Starting taskexecutor daemon on host slave1.
Starting taskexecutor daemon on host slave2.
```

【小提示】通过启动结果可以看出，在主节点master上启动了StandaloneSessionClusterEntrypoint进程，在slave1和slave2节点上启动了TaskManagerRunner进行。

通过jps命令查看主节点master的进程结果，命令如下：

```
[root@master~]#jps
1991 Jps
1929 StandaloneSessionClusterEntrypoint
```

通过jps命令查看从节点slave1进程结果，命令如下：

```
[root@slave1~]#jps
1748 TaskManagerRunner
1797 Jps
```

（6）运行词频统计样例程序。Flink自带了许多的示例程序，放到了安装包的examples目录下。可以选择examples/streaming目录下的WordCount.jar实现内置文件的词频统计。使用flink run命令运行样例的程序及结果：

```
[root@master~]#cd /opt/flink
[root@master flink]#./bin/flink run examples/streaming/WordCount.jar
Starting execution of program
Executing WordCount example with default input data set.
Use--input to specify file input.
Printing result to stdout. Use--output to specify output path.
Program execution finished
Job with JobID 26d9172a45826158652cf4d0be1cba80 has finished.
Job Runtime:700 ms
```

词频统计的结果会默认存放在Flink的从节点执行日志文件中，可以进入从节点查看结果，命令如下：

```
[root@slave1~]#tail /opt/flink/log/flink-root-taskexecutor-0-slave1.out
(nymph,1)
(in,3)
(thy,1)
(orisons,1)
(be,4)
(all,2)
(my,1)
(sins,1)
(remember,1)
(d,4)
```

（7）通过Web UI监控Flink任务的执行情况。Flink的Web监控端口号是8081，可以通过浏览器（Web UI）来监控Flink集群的运行状态和执行的作业情况。访问方法：打开浏览器，在地址栏输入“主节点主机名：8081”即可，如图9-5所示。

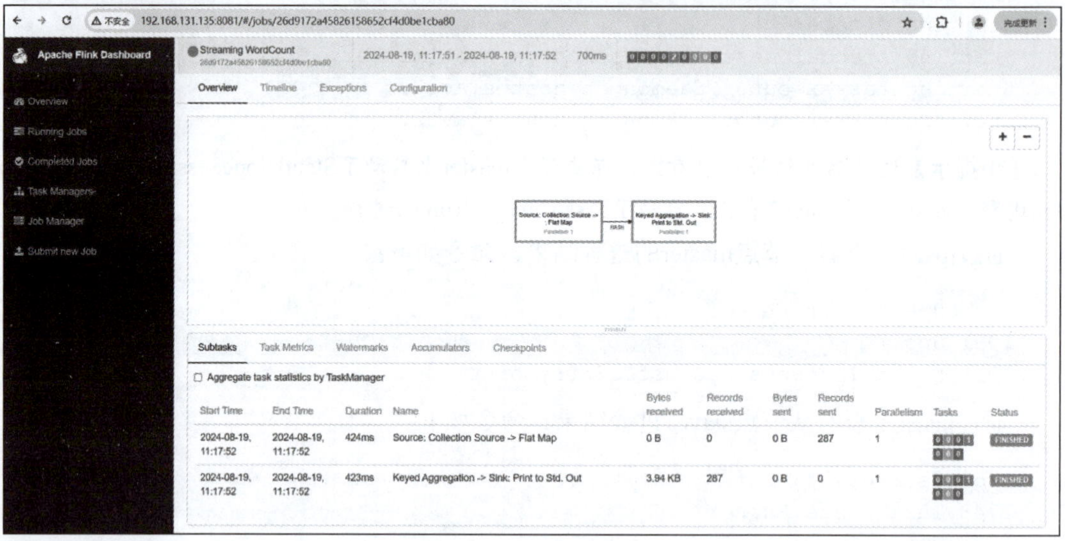

图 9-5　Flink 任务监控

视 频

Flink与YARN的集成及运行方法详解

任务三　部署并运行 Flink on YARN 集群

9.3.1　Flink on YARN的运行方法

1. Flink的YARN模式的具体执行过程

（1）在提交App前，先上传Flink的jar包和配置到HDFS，以便JobManager和TaskManager共享HDFS中的数据。

（2）客户端向ResourceManager提交job，ResouceManager接到请求后，先分配container资源，然后通知NodeManager启动ApplicationMaster。

（3）ApplicationMaster会加载HDFS的配置，启动对应的JobManager，然后JobManager会分析当前的作业图，将它转化成执行图（包含了所有可以并发执行的任务），从而知道当前需要的具体资源。

（4）JobManager会向ResourceManager申请资源，ResouceManager接到请求后，继续分配container资源，然后通知ApplictaionMaster启动更多的TaskManager（先分配好container资源，再启动TaskManager）。container在启动TaskManager时也会从HDFS加载数据。

（5）TaskManager启动后，会向JobManager发送心跳包。JobManager向TaskManager分配任务。

2. Flink on YARN的两种提交方式

（1）yarn-session：启动一个yarn-session（Start a long-running Flink cluster on YARN）。

（2）yarn-cluster：直接在YARN上提交运行的Flink作业（Run a Flink jobon YARN）。

两者的区别是，yarn-session，首先启动一个yarn-session，并将其作为Flink容器，也就是Flink服务，然后提交到YARN的全部Flink任务都会提交到这个容器并在容器中运行。这种情况下，Flink任务之间虽然是相互独立的，但是都运行在Flink容器中，YARN上只能监测到一个Flink服务即容器，无法监测到Flink单个任务，需要进入Flink容器内部，才可以看到单个任务。yarn-cluster，这种情况是每个Flink任务作为一个Application，每个任务都可以单独在YARN上进行管理，Flink任务之间互相独立。

3. 部署YARN运行模式的Flink的操作步骤

（1）Filnk集群部署规划。Flink on YARN模式需要依赖Hadoop集群，三个节点的Flink集群规划见表9-4。

表 9-4　三个节点的 Flink 集群规划

主　机　名	节点环境	用　　途
master01	CentOS 7、JDK 1.8、Hadoop 2.7.1、Flink 客户端	主节点
worker01	CentOS 7、JDK 1.8、Hadoop 2.7.1	从节点 1
worker02	CentOS 7、JDK 1.8、Hadoop 2.7.1	从节点 2

（2）修改YARN配置文件。修改Hadoop集群的yarn-site.xml配置文件，每个文件中增加以下配置内容：

```
[root@master~]#vim /opt/hadoop/etc/hadoop/yarn-site.xml
<property>
    <name>yarn.nodemanger.pmem-check-enabled</name>
    <value>false</value>
</property>
<property>
    <name>yarn.nodemanger.vmem-check-enabled</name>
    <value>false</value>
</property>
```

（3）以Flink on YARN模式运行词频统计的样例程序。在终端通过flink run命令运行词频统计的样例程序，在命令行中通过--input选项指定统计的源文件为/root/anaconda-ks.cfg，行结果通过--output指定/root/out1，命令如下：

```
[root@master~]#flink run -m yarn-cluster /opt/flink/examples/streaming/
WordCount.jar --input/data/test.txt --output/data/out
```

```
2024-08-19 14:22:06,811 INFO  org.apache.hadoop.yarn.client.RMProxy-Connecting to ResourceManager at master/192.168.131.135:8032
2024-08-19 14:22:06,958 INFO  org.apache.flink.yarn.cli.FlinkYarnSessionCli-No path for the flink jar passed. Using the location of class org.apache.flink.yarn.YarnClusterDescriptor to locate the jar
2024-08-19 14:22:06,958 INFO  org.apache.flink.yarn.cli.FlinkYarnSessionCli-No path for the flink jar passed. Using the location of class org.apache.flink.yarn.YarnClusterDescriptor to locate the jar
2024-08-19 14:22:07,137 INFO  org.apache.flink.yarn.AbstractYarnClusterDescriptor-Cluster specification:ClusterSpecification{masterMemoryMB=1024,taskManagerMemoryMB=1024,numberTaskManagers=1,slotsPerTaskManager=1}
2024-08-19 14:22:07,605 WARN  org.apache.flink.yarn.AbstractYarnClusterDescriptor-The configuration directory ('/opt/flink/conf') contains both LOG4J and Logback configuration files. Please delete or rename one of them.
2024-08-19 14:22:10,094 INFO  org.apache.flink.yarn.AbstractYarnClusterDescriptor-Submitting application master application_1724047904717_0003
2024-08-19 14:22:10,124 INFO  org.apache.hadoop.yarn.client.api.impl.YarnClientImpl-Submitted application application_1724047904717_0003
2024-08-19 14:22:10,124 INFO  org.apache.flink.yarn.AbstractYarnClusterDescriptor-Waiting for the cluster to be allocated
2024-08-19 14:22:10,128 INFO  org.apache.flink.yarn.AbstractYarnClusterDescriptor-Deploying cluster,current state ACCEPTED
2024-08-19 14:22:14,165 INFO  org.apache.flink.yarn.AbstractYarnClusterDescriptor-YARN application has been deployed successfully.
Starting execution of program
Program execution finished
Job with JobID 9b0760c775297b3c1b1d5872c100d710 has finished.
Job Runtime:9434 ms
```

词频统计的执行结果存放在输出目录上，查看/data/out文件中的内容，命令如下：

```
[root@master~]#cat /data/out
(hello,1)
(word,1)
(test,1)
(java,1)
(python,1)
(hadoop,1)
(hadoop,2)
(java,2)
(scala,1)
(java,3)
```

（4）通过YARN的Web UI监控Flink任务的执行情况。在Flink on YARN模式下运行任务，通过YARN来统一调度和管理任务执行，不需要启动Flink自身的JobManager和TaskManager进程，因此可以直接通过YARN的Web UI来监控Flink任务的执行状态，如图9-6所示。

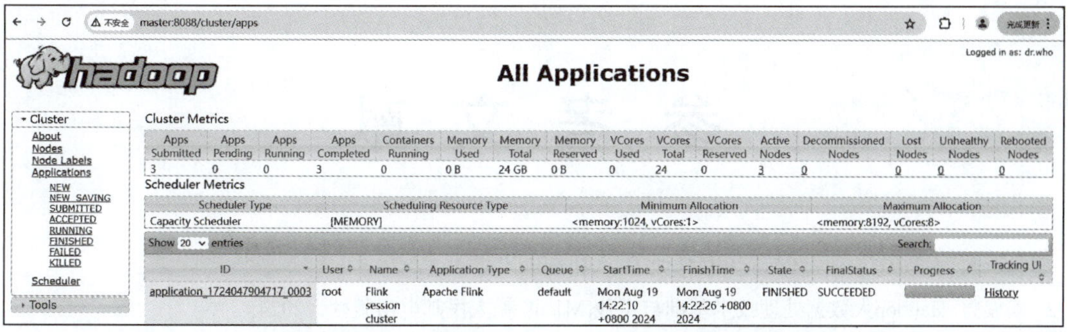

图 9-6 监控 Flink on YARN 任务的执行状态

9.3.2 故障调试与恢复

1. Flink on YARN的故障恢复

Flink的YARN客户端通过下面的配置参数来控制容器的故障恢复。这些参数可以通过conf/flink-conf.yaml或在启动YARN session时通过-D参数来指定。

yarn.reallocate-failed：该参数控制了Flink是否应该重新分配失败的TaskManager容器，默认是true。

yarn.maximum-failed-containers：ApplicationMaster可以接收的容器最大失败次数，达到这个参数，就会认为YARN session失败。默认这个次数和初始化请求的TaskManager数量相等（-n参数指定的）。

yarn.application-attempts：ApplicationMaster重试的次数。如果这个值被设置为1（默认就是1），当ApplicationMaster失败时，YARN session也会失败。若设置一个比较大的值，则YARN会尝试重启ApplicationMaster。

2. 调试失败的YARN session

一个Flink YARN session部署失败可能会有很多原因，一个错误的Hadoop配置（HDFS权限、YARN配置）、版本不兼容（使用CDH中的Hadoop运行Flink）或其他的错误。在某种情况下，Flink YARN session部署失败是因为它自身的原因，用户必须依赖于YARN的日志来进行分析。最有用的就是yarn log aggregation，启动它，用户必须在yarn-site.xml文件中设置yarn.log-aggregation-enable的属性为true。一旦启用了，用户可以通过命令来查看一个失败的YARN session的所有详细日志：yarn logs-applicationId <application ID>。如果错误发生在运行时（如某个TaskManager停止工作了一段时间），Flink YARN client也会在控制台上打印一些错误信息。除此之外，YARN ResourceManager的Web界面（默认端口是8088），也可以在YARN程序运行期间或运行失败时查看日志定位问题。

参 考 文 献

[1] 林子雨. 大数据技术原理与应用[M]. 北京:人民邮电出版社，2024.

[2] 安俊秀. Hadoop大数据处理技术基础与实践[M]. 北京:人民邮电出版社，2024.

[3] 米洪，陈永. Hadoop大数据平台构建与应用[M]. 北京:高等教育出版社，2022.

[4] 彭旭. HBase入门与实践[M]. 北京:人民邮电出版社，2022.

[5] 刘庆生，陈位妮. 大数据平台搭建与运维[M]. 北京:机械工业出版社，2021.

[6] 刘猛. Linux操作系统管理与Hadoop生态圈部署[M]. 北京:电子工业出版社，2020.